KB074143

과학사의 뒷얘기 2
물리학

전파과학사는 독자 여러분의 책에 관한 아이디어와 원고 투고를 기다리고 있습니다. 전파과학사는 종교(기독교), 경제·경영서, 일반 문학 등 다양한 장르의 국내 저자와 해외 번역서를 준비하고 있습니다. 출간을 고민하고 계신 분들은 이메일 chonpa2@hanmail.net로 간단한 개요와 취지, 연락처 등을 적어 보내주세요.

과학사의 뒷얘기2
물리학

초판 1쇄 1973년 09월 30일
개정 1쇄 2019년 11월 11일

–
지은이 A. 셧클리프 · A.P.D. 셧클리프
옮긴이 정연태
발행인 손영일
디자인 장윤진

–
펴낸곳 전파과학사
출판등록 1956. 7. 23 제 10-89호
주 소 서울시 서대문구 증가로18, 204호
전 화 02-333-8877(8855)
팩 스 02-334-8092
이메일 chonpa2@hanmail.net
홈페이지 www.s-wave.co.kr
공식 블로그 http://blog.naver.com/siencia

ISBN 978-89-7044-911-1(03420)

과학사의 뒷얘기 2
물리학

A. 셧클리프 · A. P. D. 셧클리프 지음 | 정연태 옮김

전파과학사

머리말

저자 중 한 사람은 젊어서 케임브리지에서 과학교사로 있을 때 과학과 기술의 역사로부터 이상한 사건이나 뜻밖의 발견을 한 이야기를 모아보려고 결심했다. 이런 이야기를 모으면 수업의 내용이 풍부해질 것이고 학생들도 재미있어 할 것이라 생각했기 때문이다.

이리하여 틈나는 대로 이야기를 모으는 즐거움은 44년 동안 계속되었다. 이렇게 모은 이야기가 다른 사람들에게도 마찬가지로 즐거움을 줄 것을 바라면서 아들의 도움을 받아 출판 준비를 진행했던 것이다.

이런 정보를 모으기 위해서는 여러 가지 종류와 형태의 자료를 참조해야 했다. 저서를 이용하도록 허락해 준 여러 저자에게 감사의 뜻을 표하고 싶다.

삽화는 이 책에 흥미를 더해주는데 이는 로버트 한트의 노작이다. 그는 치밀하고 친절하게 정확성과 예술가로서의 기술을 결합해주었다.

많은 자료를 번역해준 G. H. 프랭클린, 타자 원고를 읽어 준 L. R. 미들턴, J. 해럿, A. H. 브리그스 박사, R. D. 헤이 박사, M. 리프먼 등 많은 동료와 친구들에게 감사의 인사를 드리는 바이다.

또한 R. A. 얀의 건설적인 비평은 특히 참고가 되었다. 인쇄 직전 단계에서는 케임브리지 출판부의 많은 이들로부터 유익한 시사(示唆)와 정정(訂正)을 받았다.

A. 섯클리프

A. P. D. 섯클리프

1. 아르키메데스 ─ 과학수사관

아르키메데스[1]는 기원전 287년 시라쿠사(Syracusa)에서 태어났다. 시라쿠사는 고대 시칠리아[2]의 가장 번성한 도시로서, 아르키메데스가 태어나기 약 500년 전부터 그리스의 식민지였다. 그 무렵 그리스의 재능 있는 젊은이들이 모두 그렇듯 그도 이집트의 알렉산드리아(Alexandria)에 있는 왕립학교에서 공부했다. 왕립학교는 당시 가장 높은 수준의 수학과 물리학을 가르치는 곳이었다. 학업을 마치고 귀국한 아르키메데스는 이론을 실용에 응용하는 데 뛰어난 재능을 보였고 시라쿠사 왕의 눈에 들어 많은 도움을 받았다. 아마 그는 시라쿠사 왕의 친척이었던 모양이다.

왕관의 수수께끼

시라쿠사 왕인 히에론 2세(Hieron II)는 용감한 전사였고 또 신앙심 깊은 독신자(篤信者)이기도 했다. 그는 전장에서 승리를 거둘 때마다 축하하는 뜻에서 신들을 위하여 선물을 바쳤다. 예를 들면 신전을 세우거나 공

---

1 Archimedes, B.C. 287-212
2 Sicilia, (영) 시실리. Sicily

공용 제단을 만들기도 하였다. 승리를 축하하기 위해서 불사(不死)의 신들의 신전에 놀라울 만큼 값 비싼 금으로 왕관을 만들어 바치기로 하였다. 왕은 기술 좋은 금 세공사를 시켜서 왕관을 만들도록 명령하고 회계관을 시켜 필요한 분량의 금을 주도록 시켰다. 지정된 기일 안에 세공사는 왕관을 만들어 왕에게 바쳤다. 왕은 구석구석 살펴보았으나 나무랄 데가 없는 솜씨여서 지극히 만족했다.

얼마 후 금 세공사가 받았던 금을 전부 쓰지 않고 은을 섞어 왕관을 만들었다는 소문이 나돌았다. 이 소문은 왕의 귀에까지 들어갔다. 왕도 정말 세공사가 그런 짓을 했는지 의심을 품어 보았지만 그 진위를 가릴 방도가 없었다. 사실 왕관의 무게와 금 세공사에게 넘겨 준 금의 무게와 똑같았기 때문에 아무리 왕관을 조사해 보아도 그 속에 은이 섞여 있는지 어떤지를 알 도리가 없었다. 은이 그 속에 조금 섞여 있다고 해도 반짝이는 금빛은 조금도 다르지 않고 보기에 순금과 구별이 되지 않기 때문이다. 히에론 2세는 그 소문이 정말인가 거짓말인가를 확인하기 위하여 아름다운 왕관을 부수거나 망가뜨리고 싶지는 않았다. 그래서 왕은 아르키메데스를 불러서 금 세공사에 관련된 혐의를 조사하게 했다.

목욕탕에서의 발견

아르키메데스는 이 문제를 놓고 이리저리 궁리해 보았으나 문제를 해결할 아무런 묘안도 떠오르지 않았다.

여전히 머릿속엔 그 문제로 가득 찬 채로 공중목욕탕에 갔다. 탕에는 물이 가득 차 있어서 몸이 물속으로 들어감에 따라 물이 밖으로 넘쳐흘렀다. 아르키메데스 이전에 수많은 사람들이 물이 밖으로 넘쳐흐르는 사실을 목격했고 아르키메데스 자신도 그때까지 몇 번이고 탕에서 물이 넘쳐 흘러 나오는 것을 경험했을 것이다.

그날도 왕이 내린 문제를 푸는 데 여념이 없었다. 그는 물이 탕 밖으로 넘쳐흘러 나가는 것을 무심히 바라보다가 홀연히 어떻게 하면 문제를 풀 수 있는지를 깨달았다. 탕에서 흘러나오는 물의 부피는 물속으로 들어간 몸의 부피와 꼭 같을 것이라는 추리를 했다. 따라서 그릇에 물을 가득 채우고 그 물속에 금으로 된 왕관을 넣으면 왕관의 부피와 꼭 같은 부피의 물이 그릇에서 흘러 나갈 것이라고 생각했다.

목욕탕으로 들어가는 아르키메데스

아르키메데스는 이 새로운 발견에 완전히 흥분하여 목욕을 채 마치기 전에 탕에서 뛰어 나왔다. 그는 벌거벗은 알몸뚱이인 것도 잊고 '유레카! 유레카(Eureka)!'라고 외치면서 집으로 뛰어갔다. 유레카는 그리스말로 〈발견했다〉라는 뜻이다.

그는 곧 자기의 새로운 생각에 입각해서 문제를 풀기 시작했다. 다른 많은 사람들도 알고 있었던 것이나 그는 금이 모든 금속 중에서도 가장 밀도가 커서 한 덩이의 금은 같은 부피의 은덩이보다도 훨씬 무겁다는 것을 알고 있었다. 또한 정육면체나 직육면체와 같은 규칙적인 모양을 갖는 금이나 은은 길이, 너비, 높이를 재어서 이 세 수치를 곱하면 부피를 정확하게 구할 수 있다는 것도 알고 있었다.

아르키메데스가 이 멋진 생각을 해내기 전까지는 왕관과 같이 불규칙한 모양을 갖는 물체의 부피를 어떻게 잴 수 있는가 하는 것은 난관이었다. 그의 새로운 방법이란 극히 간단한 것이었다.

먼저 왕관의 무게를 세밀히 측정한 다음, 왕관과 똑같은 무게를 갖는 순금덩이와 순은덩이를 각각 준비했다. 그릇에 물을 가득 채우고 금덩이를 살며시 물속에 담근 후 흘러넘친 물을 받아서 그 부피를 쟀다. 그의 추리에 따를 것 같으면 그 물의 부피는 금덩이의 부피와 같아야 했다.

아르키메데스는 금덩이 대신 은덩이를 물속에 넣어서 실험을 되풀이했다. 예상했던 것과 같이 이때 흘러넘친 물의 부피는 금덩이일 때보다도 컸다. 다음 그는 물을 가득 채운 그릇 속에 왕관을 넣고 같은 방법으로 부피를 쟀다. 이 왕관의 부피는 금덩이일 때의 부피보다는 컸으나 은

덩이일 때의 부피보다는 작은 것을 알 수 있었다. 이것으로 보아 아르키메데스는 왕관이 순금으로만 된 것이 아님을 확실히 알 수 있었다. 더욱이 그는 이 결과로부터 얼마만큼의 금이 은으로 바뀌었는지를 계산할 수도 있었다.

이것으로 금 세공사의 부정이 폭로되었다. 금 세공사에게 어떤 무서운 형벌이 내려졌는지는 기록에 남아 있지 않다. 다만 아르키메데스의 방법을 들은 금 세공사는 자신의 죄를 즉시 자백했다고 한다.

지금도 남아 있는 <유레카>

아르키메데스가 벌거숭이가 된 채로 시라쿠사 거리를 달릴 때 "유레카"라고 한 것은 지금도 아직 〈유레카 관(Eureka Tube)〉이라는 명칭으로 남아 있다. 유레카 관이란 실험실에서 흔히 쓰이고 있는 주둥이가 달린 용어를 말한다. 이 그릇에 물을 가득 붓고 그 속에 부피를 알려고 하는 고체인 물체를 주의 깊게 담근다. 이때 그 물체와 같은 부피의 물이 주둥이에서 넘쳐 나오는데 이것을 밑에 놓여 있는 메스실린더로 받아서 부피를 잰다. 돌멩이와 같이 불규칙한 모양을 가진 고체의 부피를 손쉽게 잴 수 있어서 지금도 실험실에서 많이 사용하고 있다.

2. 아르키메데스 — 군사기술자

고대 시라쿠사항은 왕과 군대를 가진 번성한 도시였다. 앞 장에서도 언급했듯이 시라쿠사는 시칠리아섬에 자리 잡고 로마로부터 멀지 않은 곳에 있어서 로마의 적, 예를 들면 아프리카 북쪽의 큰 도시인 카르타고 (Carthago)[3]가 로마를 공격하는 기지로 쓰일 가능성이 많았다.

B.C. 214년 시라쿠사 왕은 카르타고와 동맹을 맺었다. 그 때문에 로마인들은 카르타고가 시라쿠사를 기지로 사용하는 것을 막기 위하여 가장 우수한 장군인 마루켈루스(Marcus Claudius Marcellus)를 파견해서 시라쿠사를 점령하게 했다. 시라쿠사 왕인 히에론 2세는 로마의 공격을 미리 예상하고 친구이자 친척인 아르키메데스를 군사기술자들의 책임자로 임명하여 도시 전체를 요새로 만들 준비를 착착 진행시키고 있었다.

아르키메데스, 기계의 위력을 보이다

아르키메데스가 군사기술자들의 책임자로 뽑힌 것은 역학을 깊이 연구하고 있었기 때문이다. 그는 지레, 겹도르래 등 많은 기계를 설계하였

---

3 『과학사의 뒷얘기 1 — 화학』, 2장 참조

다. 지레로 얼마나 큰 힘을 얻을 수 있는지를 다른 사람들에게 알려주기 위하여 아르키메데스는 이렇게 말한 적이 있었다.

나에게 서 있을 땅과 충분히 긴 지렛대를 주면 이 지구도 움직여 보이겠다.[4]

왕은 이런 기계에 관한 이야기를 들었으므로 아르키메데스에게 그런 기계로 어떤 일을 할 수 있는가 보이라고 명했다. 아르키메데스는 증명해 보이는 실험으로 한 개의 겹도르래와 세 개의 돛대가 있는 배 한 척을 사용하였다.

긴 밧줄의 한쪽 끝을 배에 묶고 겹도르래에 건 다른 쪽 밧줄 끝을 손으로 잡고 배로부터 멀리 떨어져 모래 위에 앉았다. 구경꾼들이 지켜보는 가운데 그는 밧줄을 서서히 잡아당겼다. 배는 「마치 조용한 해상에서 돛에 바람을 맞고 달리는 것과 같이 일정한 속도로 끌려 왔다」고 한다.

구경꾼들은 모두 놀랐다. 왜냐하면 그들은 겹도르래가 작용하는 것을 그전에는 한 번도 본 일이 없었으며 많은 사람이 달려들지 않으면 할 수 없는 일을 혼자서 그다지 어렵지 않게 해내는 것이 도대체 기적으로 밖에는 보이지 않았기 때문이었다.

왕은 즉시 아르키메데스가 가진 지식의 가치를 깨닫고 그에게 도시의

---

4 플루타르코스, 「유명한 그리스. 로마인들의 생애」; Plutarch, *Parallel Lives of Illustrious Greeks and Romans*

방어와 공격에 사용할 전쟁용 기계를 만들도록 명령했다. 아르키메데스는 이 명령을 따르면서도 기계 제작을 그다지 어려운 일이라고 생각하지 않고 「기하학자들이 하는 휴일 스포츠」에 지나지 않는 것으로 생각했다고 한다.

로마군의 공격을 받다

시라쿠사는 긴 해안선을 가진 반도다. 로마 장군인 마르켈루스는 육지와 바다 양쪽에서 동시에 공격을 개시했다. 그러나 그는 불행하게도 아르키메데스의 위대한 능력을 염두에 두지 않았고, 그 능력이 수많은 사람의 힘을 능가한다는 것을 생각하지 못했다. 이것이 곧 현실로 나타났다.

시라쿠사의 병사들은 전쟁 기계의 사용법에 관한 충분한 훈련을 받고 있었다. 그들은 공격해 오는 로마군을 향해서 큰 돌이나 작은 돌 또는 다른 물체들을 비 오듯이 퍼부어서 적군을 모조리 격멸했다. 시체는 산을 이루고 대열은 혼란에 빠졌다. 어떤 기계는 발사할 때 엄청난 소리를 냈기 때문에 적은 굉장히 무서워했다. 아르키메데스가 여기서 화약을 발명해서 썼다는 이야기가 나올 정도였다. 그러나 폭발적인 소리는 아마도 기계가 큰 돌을 발사할 때 강력한 탄성체 부분이 진동해서 일어난 것으로 생각된다. 이런 기계들은 큰 위력을 나타냈기 때문에 육지로부터의 공격은 중지하지 않을 수 없었다.

한편 해상에서 공격해 온 로마군도 같은 모양으로 형편없이 패했다.

아르키메데스는 길고 큰 나무 기둥의 양끝을 굵은 줄을 써서 매단 것을 고안해냈다.

이 장치를 항구의 입구 근처에 있는 안벽에 만들어 두고 적선이 그곳으로 가까이 오면 병사들이 이 장치로 달려갔다. 그들은 매달려 있는 기둥을 밀었다 당겼다 하면서 충분히 센 진동이 일어났을 때 이 기둥을 적선 옆구리에 충돌시켜 산산조각으로 부수었다.

또 다른 기계는 안벽 위에 수직으로 축을 세우고 그 위에 긴 막대를 수평으로 올려놓아 시소(Seesaw)처럼 평행되게 만든 것이었다. 막대의 절반이 안벽을 넘어서 바다 쪽으로 나가 있고 육지 쪽 막대 끝에는 줄을 매달아 두었다. 바다 쪽으로 나간 막대 끝에는 쇠로 만든 큰 갈고리를 달았다. 좋은 기회가 왔을 때 육지에 있던 병사들은 막대 끝을 위로 올리고 바다 쪽에 나온 끝을 아래로 내려뜨렸다. 이 막대를 잘 조종해서 쇠갈고리를 적선에 걸고 줄을 재빨리 끌어 올려 배를 수면 위로 높이 치켜 올렸다가 쇠갈고리를 놓아 버렸다. 어느 고대의 저자는 그때의 광경을 다음과 같이 묘사하고 있다.

해면에서 높이 끌어 올려진 배는 상하좌우로 흔들려서 선원들은 한 사람도 남김없이 바다로 떨어지든가 또는 투석기로부터 날아온 돌에 맞아서 넘어지든가 하는 놀라운 광경을 볼 수 있었다. 이렇게 해서 텅 빈 배는 안벽에 부딪쳐서 부서지거나 쇠갈고리로부터 벗어나서 공중 높이서 바다로 떨어졌다.

로마군, 공포에 질려 후퇴

암벽을 넘어 침입하기 위해서 마르켈루스가 믿었던 것은 삼부카 (Sambuca)라는 기계였다. 이것은 긴 사다리 꼭대기에 편편한 널빤지를 댄 것이었다. 포위하고 있는 암벽에 가까이 가서 작은 배를 여러 척 늘어놓고, 그 위에 발판을 얹고서 삼부카를 장치하도록 되어 있었다. 여러 면에서 오늘날 소방서에서 사용하고 있는 사다리와 비슷한 것이었다.

암벽에 삼부카를 거의 수직으로 세워서 붙을 정도로 가까이 댄다. 몇 사람의 병사가 이 사다리로 올라가서 꼭대기 널빤지 위에 있는 작은 상륙용 발판을 밀어서 안벽에 걸친다. 그런 다음 다른 병사들은 사다리를 올라 상륙용 발판을 딛고 육지로 뛰어내리게 되어 있었다.

아르키메데스는 이 삼부카에 대해서 잘 알고 있었다. 그래서 그것을 나르는 16척의 배가 그가 만든 거대한 투석기의 사정거리 안에 들어오기까지는 발사를 하지 않았다. 이 투석기는 10달란트(Talentum)⁵의 무게의 돌을 발사할 수도 있었다.

삼부카가 충분히 가까이 왔을 때 병사들은 투석기로 돌을 발사했다. 돌은 무서운 소리를 내면서 떨어져 삼부카를 올려놓은 발판을 부수고 밑에 있는 배에 큰 구멍을 뚫었다. 이렇게 해서 바다 공격도 육지와 마찬가지로 실패했다.

---

5 역자 주: 로마시대의 무게 또는 화폐의 단위, 약 1/2톤에 해당하는 무게로 짐작된다.

마르켈루스는 밤이 새기 전에 다시 바다로부터 공격을 시작했다. 이번에는 적이 눈치 채기 전에 병사들을 암벽 바로 밑에까지 보내려고 했다. 그러나 아르키메데스는 이 계략도 예상하고 있었다. 그 안벽 바로 밑에 모일 때까지 숨을 죽이고 있었다. 그들은 때를 보아서 아르키메데스의 새로운 기계로 돌을 로마병사들의 머리 위에 비 오듯 낙하시켜 로마군을 큰 혼란 속에서 후퇴하게 했다. 로마군의 대다수는 자기들이 싸우고 있는 상

거대한 투석기

대가 사람이 아니라 신이라고까지 우길 정도였다. 자기들의 눈에는 보이지 않는 어떤 힘에 의하여 자기들 머리 위에서 파괴가 일어났기 때문이었다.

마르켈루스는 로마 병사들의 용기를 불러일으키기 위해서 이렇게 외쳤다.

저 기하학자는 해안에 앉아서 우리들의 배를 뒤엎는 놀이를 하고 영원한 치욕을 우리에게 안겨 주었다. 또 그렇게도 많은 무기로 한꺼번에 돌을 던지는 점에서 이야기책에 나오는 100개의 손을 가진 거인보다도 뛰어났다. 우리는 저 사나이에게 굴복하고 말 것인가?

그러나 모든 병사들은 이미 겁을 먹어서 밧줄이나 막대가 안벽에서 바다로 나오는 것을 보기만 해도 "저것 보아라. 아르키메데스가 또 새로운 기계를 들고 나왔다"고 외치면서 개미떼가 뿔뿔이 흩어지듯이 달아날 정도였다.

태양광선으로 배를 태우다

한편, 12세기의 어떤 저자에 의하면 아르키메데스가 발명한 또 다른 기계가 약간 떨어진 바다에 떠 있는 배를 공격했다고 한다. 이 기계는 많은 거울을 나무틀에 붙인 것이다. 태양광선이 거울에 닿으면 반사해서 본래 온 쪽으로 되돌아가는 것을 상상해 보면 된다.

아르키메데스는 커다란 평면거울을 중앙에 놓고 그 둘레에는 작은 거울을 많이 붙였는데 이것들을 경첩을 써서 마음대로 돌릴 수 있게 만들었던 것으로 생각된다. 나무로 만든 한 적선을 향해 큰 거울을 써서 햇빛을 반사하게 한다. 다음에 작은 거울 하나하나를 조절해서 반사된 태양광선이 모두 같은 한 곳에 집중하도록 만든다. 모든 거울에 의해 반사되는 빛과 열을 한곳으로 집중하게 해서 이 열로써 안벽으로부터 화살이 도달하는 범위(300m 정도)에 있는 본선이면 충분히 불을 붙일 수 있었다고 한다.

시라쿠사의 함락

이런 신기한 전쟁 기계들은 모두 발명자의 계획대로 잘 움직였다. 시라쿠사에 대한 로마군의 최초의 공격은 실패로 돌아갔다. 마르켈루스는 하는 수 없이 공격군을 후퇴시켰으나 전쟁을 완전히 단념한 것은 아니었다.

이렇게 수비가 단단한 도시는 직접적으로 공격을 가하지 않고 주위를 포위하여 모든 물자가 시로 들어가지 못하게 하였다. 약 3년 동안 봉쇄를 한 뒤 다시 시라쿠사시를 공략할 결심을 했다. 그러나 이때도 마르켈루스는 시라쿠사를 정면에서 바로 공격하는 방법을 택하지 않았다. 그는 아르키메데스의 새로운 기계를 무서워했기 때문에 직접 공격을 하는 대신 시민 중에서 배반자를 만들도록 노력했다.

마르켈루스는 로마군과 내통하는 소수의 시민을 얻는 데 성공했다. 어느 날 밤에 이 배반자들은 비밀리에 몇 명의 로마병사를 시가지로 끌어 들이는 데 성공했다. 시라쿠사 사람들은 오랜 포위생활에 지쳐서 보초도 허술했기 때문에 단기간의 긴급한 공격으로 시는 함락되고 말았다(B.C. 212년). 그 시대의 관례에 따라 승리에 취한 병사들이 마음대로 약탈하게 내버려 두었으나 마르켈루스는 특히 중요한 사람들의 생명은 보호하도록 명했었다.

그러나 이런 명령에도 불구하고 로마병사들은 저명한 시라쿠사 시민 들을 많이 학살했다. 그중에 불행하게 아르키메데스도 끼어 있었다.

아르키메데스의 죽음

그의 죽음에 대해서는 여러 가지로 전해지고 있다. 그중 하나에 의하 면 아르키메데스가 해안 모래 위에서 기하학 도형을 그리면서 연구에 몰 두하고 있었기 때문에 로마군의 기습이나 시의 함락도 전혀 알지 못했다 고 한다. 갑자기 눈앞에 한 병사가 나타나 그에게 마르켈루스 앞에 출두 할 것을 명령했다. 그러나 그는 문제를 완전히 풀기 전까지는 움직이지 않겠다고 버텼다. 이 병사는 화가 나서 칼을 뽑아 아르키메데스를 죽였다 고 한다.

다른 설에 의하면 이 로마병사는 처음부터 아르키메데스를 죽일 생각 으로 칼을 뽑아 달려들었다. 그때 아르키메데스는 자기의 정리를 완전히 풀 때까지 조금 기다려 달라고 부탁했다. 그러나 병사는 이 말을 듣지도

아르키메데스의 죽음

않고 곧 살해해 버렸다고 한다.

또 한 설에 의하면 아르키메데스는 해시계와 4분의(分義), 그 밖에 수학에 쓰는 도구들을 넣은 상자를 가지고 걸어가고 있었다고 한다. 그를 만난 어떤 병사는 그 상자 속에 금이 들어 있는 줄 알고 그것을 빼앗으려고 살해했다고 하기도 한다.

아르키메데스가 어떻게 살해되었는지는 잘 모르나 마르켈루스가 그 소식을 들었을 때 슬퍼하고 개탄했다는 점에 있어서는 모든 설이 일치하고 있다.

\<태우는 거울\>을 둘러싸고

위에서 아르키메데스가 발명했다는 놀라운 기계에 관한 전설이나 이
야기들을 몇 가지 들었다. 그러나 다른 증거에 의하면 위에서 기술한 몇
가지 기계들은 아르키메데스 시대보다도 훨씬 이전에 이미 사용되었다는
것이 알려져 있다. 예를 들면 B.C. 382년부터 B.C. 336년까지 살았던 마
케도니아(Makedonia)의 필리포스(Philippos) 2세[6]는 파성퇴(破城槌)나 무거
운 돌을 던지는 투석기 등의 기계를 사용했었다고 한다. 그러나 아르키메
데스가 발명했다는 데 대해서는 거의 같은 시대에 살았던 사람들을 포함
해서 많은 저자들이 쓰고 있으며 그 어느 것에서도 거의 같은 기술을 볼
수 있다. 그러므로 그가 이러한 기계 중에서 많은 것을 발명했다는 것은
틀림없을 것으로 보인다.

〈태우는 거울〉을 이용해서 불을 일으키게 한 것도 아르키메데스 시대
이전에 벌써 알려진 사실이다. 그 한 예로 시라쿠사 공격 200년 전에 쓰
인 아리스토파네스[7]의 『구름(The Clonds)』에도 나온다. 이 희극 중에서 한
등장인물이 다른 사람을 상대로 자기가 지고 있는 빚에 대해서 만일 서판
위에 써두면 태우는 거울로 쓴 글을 모두 태워버리겠다고 하고 있다. 그
때에는 종이 대신에 초를 칠한 서판이 사용되었고 글씨는 그 초를 긁어서
기록하였다. 그러므로 태우는 거울을 써서 초의 표면을 녹여서 써놓은 글

---

6 알렉산드로스(Alexandros) 대왕의 아버지

7 Aristophanes, B.C. 448-380

씨를 지울 수가 있었던 것이다. 1727년 프랑스의 박물학자 뷔퐁[8]은 아르키메데스가 사용했다고 하는 장치를 복원했다. 그는 육각형의 큰 평면거울의 둘레에 168개의 작은 거울을 경첩을 써서 장치하고 이것을 태양광선이 쪼이는 곳에 놓았다. 그리고 거울 하나씩을 움직여서 모든 반사광선을 150피트 떨어진 한 점에 모았다. 거기에는 부싯돌로 불을 켤 때 쓰는 부싯깃(마른 쑥)을 놓아두었는데 열에 의하여 마른 쑥이 타기 시작하는 것을 볼 수 있었다. 그는 실험을 되풀이 했으며 나중에는 140피트나 떨어져 있는 납덩어리 위에 태양광선을 모았더니 납도 녹았다. 뷔퐁이 이 실험을 하기 훨씬 이전에 키르허라는 철학자도 같은 실험을 했고 시라쿠사를 방문하기도 했다. 그는 항구를 시찰한 다음 마르켈루스의 갈레아스(Galleass) 선박이 암벽으로부터 30보 이상은 떨어져있지 않았을 것이고 따라서 충분히 거울의 초점 이내에 있었으리라는 결론에 도달했다. 실제로 플루타르코스[9]는 적선 중에서 어떤 것은 시라쿠사 쪽의 쇠갈고리에도 걸릴 만큼 안벽에 가까이 다가왔었다고 기록하고 있다. 그러므로 〈태우는 거울〉이 효과를 나타낼 수 있을 만큼 가까이 있었을 것이다.

저명한 수학자 라우스 볼(W. W. Rouse Ball)은 뷔퐁의 실험에 주석을 달았는데 그 실험이 4월에 파리에서 행해졌음을 지적하고

---

8 Georges de Buffon, 1701-1788
9 Plutarchos, 약 B.C. 90-2

만일 시칠리아에서 한 여름에 이 거울을 썼다면 배가 가까이 있었을 때는 봉쇄 함대에 심각한 타격을 주었을 것이다.

라고 결론짓고 있다.

끝으로 지적하고 싶은 것은 뷔퐁의 실험이 우리에게 분명하게 말해 준 것은 만일 이 방법을 썼다면 성공했었을 것이라는 점뿐이고, 아르키메데스가 정말로 〈태우는 거울〉을 썼다는 것을 증명하는 것은 아니다. 만일 아르키메데스와 같은 시대에 살았던 저자나 그다음 세대에 살았던 저자에 의해서 이 이야기들이 써졌다면 오늘날보다 더 신빙성 있는 얘기가 되었을 것이다. 플루타르코스, 리비우스[10], 폴리비오스[11]도 모두 아르키메데스가 발명했다는 전쟁 기계에 관하여는 기술하고 있지만 〈태우는 거울〉에 관해서는 한마디도 언급하지 않고 있다.

---

10 Titus Livius, B.C. 59–A.D. 17
11 Polybios, 약 B.C. 198–117

3. 공중에 묻히다

공중에 뜬 마호메트의 관

예언자 마호메트[12]는 아랍인 양친 사이에서 태어나 여느 아랍의 소년들처럼 양과 낙타를 돌보면서 자랐다. 장성함에 따라 그는 더욱 깊이 신을 생각하게 되었다. 40세가 되었을 때 어느 날 꿈에서 환영을 보았는데 천사 가브리엘(Gabriel)이 그에게 「세상에 나가서 사람들에게 살아있는 신에 대해서 가르치라」고 명했다 한다. 그는 이 명령대로 활동을 시작했다.

처음에는 신도가 얼마 되지도 않았지만 죽기 직전에는 몇십만이라는 수에 달했다. 이 사람들이 마호메트 교도, 또는 이슬람(Islam) 교도라고 불리게 됐다. 메소포타미아(Mesopotamia) 지방에 사는 아랍인[13] 외에 멀리는 인도, 북아프리카에 사는 사람들도 이슬람교를 믿었다. 마호메트는 신은 오직 하나 밖에 없다고 설교했다. 이 신은 믿는 사람에게는 자애 넘치는 아버지이나, 믿지 않는 자에게는 잔학한 폭군으로 된다고 했다. 그의 신앙은 다음 격언으로 요약된다.

---

12 Mahomet, 또는 Mohammed, 570-632
13 사라센(Saracen)인

알라(Allah) 외에 신이 없고 마호메트는 그의 예언자이다.

그는 신도들에게 신앙을 바꾸라 했지만 따르지 않는 불신자는 가차 없이 모두 처단하라고 명했다.

유명한 인물에 관해서는 많은 전설이 있다. 다음 전설은 15세기 이탈리아의 저자가 말한 것이고, 그 후 몇백 년에 걸쳐 널리 믿어 온 것이다.

마호메트가 죽은 후 사라센인들은 그 시체를 페르시아의 어느 마을에 운반하고 쇠로 만든 관에 넣었다. 그런데 이 관은 받치지 않았는데도 공중에 떠 있는 것이다. 자석의 성질을 모르는 사람들은 기적이라고 믿었다.

자석 발견의 전설

여기서 말하는 자석의 성질이란 철을 끌어당기는 것을 말한다. 천연자석은 검은 철의 산화물을 주성분으로 하는 암석(자철광, 磁鐵鑛)이다. 여러 지방에서 천연적으로 나고 때로 이 암석의 작은 부분이 노출되어 지면에 나타나 있는 것을 볼 수 있다.

플리니우스[14]는 마그네스(Magnes)라는 양치기가 자석의 자기적 성질

---

14 Plinius, (영) 플리니, Pliny, 23–79

을 발견했다고 기술하고 있다.[15]

마그네스는 소아시아에 있는 이다(Ida)산의 비탈에서 양을 치면서 걸어갔다. 어느 날 그는 우연히 지면에 노출되어 있는 검은 암석을 밟았다. 놀라운 일은 그의 구두에 박은 쇠로 만든 징과 지팡이에 박은 쇠끝이 이 암석에 달라붙어 버렸던 것이다. 그래서 이 암석은 마그네스 암석(뒤에 마그넷, Magnet)이라고 일컬어지게 되었다.

이와 비슷한 이야기가 이 밖에도 여러 가지 있지만 지금은 모두가 근거 없이 지어진 이야기라고 보고 있다. 그러나 그렇다고 해도 자석의 자기적 성질이 이렇게 해서 우연한 기회에 발견되었다는 것은 충분히 생각해 볼 만한 일이다.

이런 전설 중의 하나는 하나의 발견 장소를 소아시아의 고대국가 마그네시아(Magnesia)의 언덕이라 하고 있다. 이에 따르면 마그네시아로부터 자석의 마그넷이란 이름이 생겼다고 한다.

자석을 나침반에 사용한 것도 오랜 옛날부터라고 알려져 있다. 자석의 작은 막대(자침, 磁針)를 공중에 수평이 되게 매달아 두면 이것이 남북 방향을 가리킨다. 몇 세기 전 여행자들은 이것을 이용해서 방위를 정했다. 영국에서는 자석을 로드스톤(Loadstone)이라고 하는데 이 〈로드〉는 방위를 뜻하는 고대 영어에서 온 것이다. 자석의 이런 성질은 이미 B.C. 3000년경에 중국인들이 알고 이것을 항해에 응용했다고 한다.

---

15 플리니우스, 『박물학』; Pliny, *Natural History*

마호메트의 무덤의 진상

마호메트가 죽은 뒤 몇 세기에 걸쳐서 많은 그리스도교도들은 마호메트의 무덤을 설계한 이슬람교도 건축가가 납골당의 천장과 마루에 자석을 묻고 그 힘을 이용해서 관을 공중에 뜨게 한 것이라고 믿어 왔다. 자석이 실로 교묘하게 묻혀 있었기 때문에 납골당의 천장과 마루 중간에 철관이 뜨고 움직이지 않게 되어 있다는 것이다.

그리스도교도에게는 이 전설의 진위를 확인하는 것이 쉬운 일은 아니었다. 왜냐하면 이슬람교도는 그들의 땅을 찾는 사람들에게는 한결같이 엄격한 취급을 했었기 때문이다. 그들은 불신자들을 그들의 종교로 개종시키기 위하여 빈틈없는 감시를 했다. 불신자를 잡으면 그들은 모두 이슬람교도로 만들든지 죽여 버리든지 양자택일을 하게 되어 있었다. 그 사람이 신앙을 바꾸는 것을 승낙하면 목숨을 살려 주었지만 그래도 이슬람교의 나라에서 살 것을 강요함으로써 고향으로 돌아가서 다시 그리스도교도로 되지 못하도록 엄중히 감시했다. 그러므로 그리스도교도로서 마호메트의 무덤이 있는 메디나(Medina)를 방문하고 다시 유럽으로 돌아간 사람은 거의 없었다.

그러나 1513년 간신히 도망하는 데 성공한 이탈리아 사람이 메디나와 예언자의 무덤에 관해서 썼다. 그는 「악인 마호메트의 무덤」을 보았으나 관은 공중에 떠 있지 않았다고 말했다.

훨씬 뒤에 한 영국 청년이 해적들에게 잡혀서 노예가 되어 이슬람교도가 될 것을 강요당했다. 오랜 감금생활 끝에 도망쳐서 그도 다음과 같은 메디나의 이야기를 썼다. 그 내용은 다음과 같다.

　일부 사람들은 마호메트의 관이 자석의 인력으로 모스크[16]의 천장에 매달려 있다고 말한다. 그러나 나를 믿어주기 바란다. 그것은 거짓말이다. 내가 놋쇠로 만든 입구를 통해서 보았을 때 무덤을 덮고 있는 커튼 꼭대기가 보였다. 그 커튼은 마루에서 천장 사이의 중간쯤도 안 되고 커튼과 천장 사이에는 아무 것도 매달려 있지 않았다.

　1737년에 이르러서도 사람들은 대부분 이 이야기를 믿고 있었다. 그 해 어느 박식한 저자는 「이슬람교도들은 그리스도교도가 이 로맨틱한 이야기를 사실이라고 이야기한다는 것을 들었으면 배를 붙잡고 웃었을 것이다」라고 말했다.
　지금은 마호메트의 무덤에 관해서 아무런 의문도 남지 않았다. 다음 설명은 진실을 말하는 것으로 일반적으로 받아들여지고 있다.

　마호메트는 죽기 조금 전에 '예언자는 모두 죽은 장소에 묻혀야 한다'는 의견을 말했다. 이 유언은 문자 그대로 집행되었다. 그의 무덤이 카디자[17]의 집에서 숨을 거둔 바로 그 침대 밑에서 발견되었기 때문이다.

---

16 Mosque, 이슬람교 사원
17 Khadija, 마호메트의 아내

그 후 넓은 성당을 짓고 무덤을 그 안에 모셨다. 무덤은 호화로운 울타리로 완전히 둘러싸이고 약 6인치 사방의 작은 창을 통하지 않고는 그 내부를 볼 수 없게 되어 있다. 이 울타리는 녹색 칠을 한 철 난간으로 둘러있고 금선, 은선과 놋쇠에 도금을 한 철사로 장식되어 있다. 이 신성한 울타리 위에는 금으로 도금한 공과 초승달 모양을 얹은 높은 돔(Dome)이 솟아 있다.

메디나를 찾아온 순례자들은 이 돔을 보고 넙죽 엎드려서 기도를 올리고 예언자의 무덤에 참배한다. [18]

자석으로 물체가 뜨게 되는가?

자석을 써서 쇠로 만든 물체를 공중으로 뜨게 하려는 생각은 퍽 오래 전부터 했었다. 실제로 고대 이집트의 어떤 왕이 부하인 건축가에게 죽은 자매의 상을 쇠로 만들어서 이것을 '자석으로 장치된' 납골당의 천장 밑에 떠 있게 만들도록 명령했다는 기록이 있다. 그러나 이 왕과 건축가는 이것을 성공시키기 전에 죽었다.

다른 이야기로 이런 것도 있다.

쇠로 태양의 상(像)을 만들었다. 사원의 천장에 자석을 장치하고 그 힘

18 어빙, 『마호메트의 생애』: W. Irving, *The Life of Mahomet*

으로 쇠로 만든 태양을 아무런 받침 없이 공중에 떠 있게 하였다. 그런데 어느 성직자가 그 트릭을 간파하고 자석을 천장에서 떼어 버렸더니 쇠로 만든 태양은 그만 땅에 떨어져서 부서졌다.

이와 같이 기원전에 자석을 사용하면 쇠로 만든 물체를 공중에 뜨게 할 수 있다고 믿은 사람이 많았다는 것은 틀림없다. 17세기 초에도 두 사람의 저자가 어떻게 하면 그렇게 될 수 있을지 검토했다. 그중 한 사람은 「어떤 물체이건 그것이 직접 자석에 닿든가 또는 자석에 접한 다른 물질에 닿지 않는 한 자석의 힘만으로는 이것을 공중에 떠 있게 만들 수 없다」라고 기술하고 있다. 예를 들면

미끄러운 책상 위에 쇠바늘을 두세 개 놓고 은판을 씌우고서 그 위에 자석을 얹어라. 그 뒤에 판자를 책상에서 2, 3인치 높이로 들어 올리면 바늘은 공중으로 뜨겠지만 그 끝은 이 판자의 밑면에 닿아 있을 것이다. 무거운 무게를 뜨게 하려면 많은 자석이 소용될 것이나 이때 그 힘은 서로 작용하여 소멸되고 말 것이다.

라고 기술하고 있다. 그것들은 마치 몇 마리의 말이 각각 다른 방향으로 잡아당기면 혼란을 일으키고 힘을 들이는 사이에 곧 모두 지쳐버려 짐을 조금도 움직일 수 없는 것과 같은 결과가 될 것이다.

이 문제를 검토한 또 한 사람은 가베우스 신부(1585~1650)였다. 그는 실

바늘은 두 자석의 중간에서 공중에 뜨게 되었다

험적인 방법으로 문제를 풀려고 했다. 매우 기발하고 복잡한 실험으로 이 문제를 해결하려고 생각했다. 오래된 실험의 해설에 의하면 다음과 같다.

두 개의 자석을 손가락 네 개를 겹친 간격만큼 위 아래로 떼어서 평행하게 놓았다. 다음에는 두 손가락으로 바늘의 가운데를 잡고 두 자석에서 작용하는 힘이 같아서 아무런 받침 없이 공중에 뜨게 되는 곳을 찾으려고 하였다.

몇 번이고 되풀이해서 실험한 끝에 가베우스 신부는 이 바늘을 이상적인 곳에 가져가는 데 성공하였다. 「바늘은 두 자석 중간에 다른 것에 닿지 않고도 공중에 떠 있게 되었다. 이 놀라운 광경은 네 편의 긴 시구를 되풀이해서 외우는 동안 지속되었다」 그러나 그가 친구를 부르려고 일어섰을 때 공기의 운동으로 이 마력은 깨지고 말았다.

가베우스 신부는 바늘을 공중에 떠 있게 하는 데 성공했다고 했다. 그러나 이 말을 믿는다 해도 실험과 같이 더욱 센 자석을 사용하면 무거운 사각의 철관도 공중에 뜨게 만들 수 있을 것이라고 무조건 받아들일 수는 없는 일이다. 그뿐 아니라 가벼운 바늘을 뜨게 만드는 힘을 갖는 자석은 얻을 수 있지만 몇 100kg의 무게를 지탱할 만한 센 자석을 얻는 것은 거의 불가능한 것으로 생각된다.

과학사(科學史)에서 알려진 가장 센 자석은 아마도 중국의 어느 황제가 포르투갈의 주앙[19] 왕에게 보낸 것으로 300파운드의 무게를 지탱할 수 있었다 한다.[20] 그런 센 자석은 매우 귀해서 무거운 철판을 지탱하는 데는 이런 자석을 상당히 많이 구하지 않으면 안 된다.

관에는 중력이 작용하기 때문에 자석의 정확한 배치도 매우 곤란한 문제이다. 관을 수평이 되게 하기 위해서는 작용하는 힘들이 모두 비기지 않으면 안 되고 또 어느 한쪽 끝이 높아져서 기울게 되었을 때는 부자연스러운 모양이 된다.

어떤 건축가라도 이런 조건을 만족시키는 자석을 장치한 돔과 바닥을 갖는 건물을 설계할 수 있을 것이라고는 도저히 생각할 수 없다. 그러고 보면 마호메트에 관한 저자로서 가장 유명한 사람이 얘기한 다음 설명이

---

19 João II, 재위 1481–1495

20 *Encyclopaedia Britannica, 9th ed.*

가장 진실일 것이다.

관을 납골당의 바닥에서 떼어 놓기 위해서 9개의 벽돌을 사용하였고 그 측면은 흙으로 덮었다. 이것은 관이 공중에 떠 있다고 하는 높이이고 또한 이 높이는 관 밑에 놓은 9개의 벽돌의 높이인 것이다.

배를 침몰시킨 자석의 산

자석이 쇠를 끌어당기는 힘을 소재로 한 전설적인 이야기로 마호메트의 무덤에 관한 이야기에 못지않게 색다른 이야기가 많이 있다. 몇백 년을 두고 인기를 끈 이야기는 센 자력을 가진 검은 암석이 바다에 있어서 근처를 지나가는 배에서 못을 빼내어 배를 산산조각 낸다는 신앙을 바탕으로 하는 것이다.

그 전형적인 것은 『아라비안나이트』[21]의 저자가 쓴 것이다. 그것을 간추려 보면 대략 다음과 같다.

나는 국왕으로서 바다 여행을 즐겼다. 10척의 배를 끌고 여행을 떠났다. 20일 동안의 여행을 한 뒤 맞바람이 불기 시작했다. 우리들은 선장도 모르는 바다로 나왔다. 바다 가운데를 내다보니 멀리에 때로는 검고 때로

---

21 *The Thousand and One Nights*

는 희고 어슴푸레하게 떠 있는 것이 보였다. 선장은 그것을 보고 나서 터빈(머릿수건)을 갑판 위에 던지고 턱수염을 잡아당기면서 배에 탄 사람들에게 말했다.

들어라. 우리 전부에게 파멸이 다가오고 있다. 누구도 빠져나가지 못할 것이다. 오 주여! 우리들이 정규항로에서 벗어나 있음을 알아주십시오. 내일 우리는 자석이라고 불리는 검은 암석에 도달할 것이다. 지금 물결은 거칠게 우리를 그쪽으로 몰고 있다.

배는 여지없이 산산조각으로 부서지고 모든 못은 암석 쪽으로 끌려가서 붙어버릴 것이다. 그 까닭은 신이 자석에게 쇠로 만든 것을 끌어당기는 비결을 주셨기 때문이다. 이 암석(산)에는 신 밖에는 알 수 없는 많은 철이 존재한다(신의 거룩하신 이름을 칭송할지어다). 태곳적부터 무수한 배들이 이 산의 힘에 의해 파괴되었기 때문이다.

다음 날 아침 우리는 그 산으로 접근해 갔다. 물결은 거칠게 우리를 그쪽으로 몰아서 배가 산에 거의 부딪치게 되었을 때 못이나 쇠로 만든 모든 것들이 배에서 자석 쪽으로 향해 날아가 배는 파괴되고 말았다. 배가 박살이 났을 때는 해가 질 무렵이었다. 물에 빠지는 자도 있고 도망가는 자도 있었으나 대부분은 빠져 죽었다.

이 밖에도 몇 사람의 아랍의 저자들은 〈자석의 산〉에 관한 다른 기술을 하고 있다. 어떤 사람에 의하면 「인도양 연안에 있고 조금이라도 쇠붙이를 가진 배는 항해 중에 이 산에 접근하기만 하면 쇠붙이가 배로부터 마치 새와 같이 날아가서 산에 달라붙었다. 이 때문에 이 바다를 여행하는 배를 만들 때는 쇠붙이를 일체 쓰지 않는 관습이 생겼다」고 한다.

다른 여러 저자들은 이 검은 산이 있는 곳을 인도양, 지중해, 그린란드 등 먼 곳을 들고 있다. 이 전설들은 16세기까지도 남아 있었다.

4. 자침의 뜻밖의 동작

과학사에서 나침반의 자침이 완전히 뜻밖의 동작을 하여 주목을 끈 두 가지 기록이 있다.

그 하나는 1492년 콜럼버스[22]가 인도를 향해 항해하는 도중에 바다 위에서 일어났고 다른 하나는 1819년 어느 강의실에서 교수가 학생들에게 강의를 하고 있었을 때 일어났다.

콜럼버스, 자침의 편위를 발견

콜럼버스도 당시의 여느 선원들처럼 해상에서 육지가 보이지 않을 때는 천체와 나침반에 의존해서 배의 진로를 정했다. 그는 북극성이 같은 위치에 있는 것을 알고 있었고 이것을 길잡이로 삼았다. 또 나침반의 자침은 거의 남북을 가리키지만 정확하게 북극성 쪽을 향하지 않는다는 것도 알고 있었다.

콜럼버스는 1492년 8월 3일 금요일에 인도를 향해 출발을 했는데 미

---

22 Christopher Columbus, 1451-1506

지의 바다로 홀연히 나선 것은 아니었다. 먼저 카나리아 제도[23]를 향해서 항해했다. 이전에도 몇 명의 선장이 이 항로를 항해한 적이 있었기 때문이다.

카나리아에서 3주간 머물고서 9월 6일에 출범하여 그 누구도 들어가 보지 않은 광대한 대륙으로 들어가 서쪽으로 진로를 잡았다. 그 후에 일어난 일은 다음 기록이 말해 준다.

3일째, 육지는 완전히 시야에서 사라졌다. 육지의 끝이 보이지 않게 되자 선원들은 기가 푹 죽었다. 그들은 문자 그대로 이 세상과 고별하는 기분이었다. 그들의 등 뒤에는 사나이의 마음을 끄는 것들(국가, 가족, 친구, 목숨 그 자체)이 있었고 그들의 앞에는 오직 혼돈, 신비, 위험뿐이었다. 이런 마음의 동요 때문에 그들은 가족과 다시 만날 수도 없지 않을까 하는 절망에 휩싸였다. 백절불굴의 바다의 사나이들이었지만 많은 사람이 큰 소리로 엉엉 울어대는 것이었다.

제독(콜럼버스)은 백방으로 그들의 고뇌를 위로하고 그들에게 자신에 찬 희망을 심어 주려고 노력했다. 금과 보석이 가득 찬 인도양의 섬들, 비길 데 없이 부유하고 호화로운 도시들이 있는 망갈로르[24] 등. 그는 선원들에게 그들의 탐욕과 상상력을 불러일으킬 수 있는 토지, 부(富) 등 여러 가지

---

23 Canarias, 아프리카대륙 북서 약 100㎞의 대서양 위의 에스파냐령 군도
24 Mangalore, 인도 남부 마드라스 서쪽의 항구

를 약속했다. 그런 약속은 단지 그들을 속이려고 한 것은 아니었고 제독 자신도 이것이 모두 실현되리라고 확신하고 있었던 것이다.

카나리아 제도를 출발해서 어느덧 1주일이 경과했을 때 콜럼버스는 나침반의 자침이 예상하지 않은 방향을 가리키는 것을 보았다. 다음 날 아침에는 바늘이 여느 때보다 더욱 편위(偏位)된 것을 보고 더욱 놀라서 어쩔 줄을 몰랐다. 그 후 3일 간 계속해서 자침은 정상적인 방향에서 더욱 빗나가고 있었으므로 그는 매우 당혹했다.

이 사실을 누구에게도 말하지 않았다. 선원들이 의기소침할 것을 알고 있었고 더 이상 놀라게 하고 싶지도 않았기 때문이었다. 그러나 비밀을 언제까지나 숨겨둘 수 없다는 것을 잘 알고 있었다. 조타수 중에서 누군가가 나침반의 이상을 눈치챘기 때문이었다. 그 이유는 키잡이(타수, 舵手) 중에서 누군가가 나침반의 이상을 눈치챘기 때문이었다.

선원들은 그 사실을 듣고서 그만 겁에 질렸다. 그들은 미지의 세계에서 자침의 도움을 가장 필요로 하는 시기에 잃게 되었다고 생각했다. 이 망망한 대양에서 나침반의 길잡이 없이는 길을 잃게 될 것을 잘 알고 있었다. 그들은 평소에 그렇게도 의지했던 나침반이 지금 막 들어선 이 미지의 세계에서 이렇게 이상을 나타낸 것을 보면 다른 것들도 모두 이상하게 되지 않을까 하고 겁을 냈다.

그러나 콜럼버스가 자기 나름의 이야기를 준비하고 있었으며 나침반의 바늘에 죄를 씌워서는 안 되겠다는 것을 깨닫고 있었다. 자침은 그 전

콜럼버스와 나침반

처럼 동작하고 있으나 다만 북극성이 이 지점에서는 위치를 바꾸는 것이라고 단언하였다. 그는 선원들에게 북극성은 진북극(眞北極) 방향에 있는 것이 아니고 그 둘레를 원을 그리며 돈다고 말했다.

콜럼버스는 천문학자로 명성을 떨치고 있었기 때문에 선원들은 그 설명을 믿었다. 이리하여 자신을 다시 회복하였고 공포도 사라졌다.

에스파냐의 역사가 오비에도 이 발데스[25]가 쓴 이 사건에 관한 다른 기록은 선원들의 행동에 관해 보다 자세히 기록하고 있다.

그들은 자침의 이상을 보고 극도로 화를 냈다. 동시에 겁도 났으므로 콜럼버스를 배 밖으로 던져버릴까 생각하기까지 했다. 한편 자기들을 이

---

25 Gonzalo Fernandez de Oviedo y Valdés, 1478-1557

런 사람의 지휘에 맡긴 에스파냐의 페르난도(Ferdinando) 왕과 이사벨라(Isabella) 여왕의 처사에 대해서 몹시 원망했다. 그들은 반항적으로 몇 번이고 에스파냐로 되돌아가자고 외쳤다.

이야기는 전해오는 동안 본래 이야기와는 전혀 다르게 기록되기도 한다. 그러므로 이 사건이 처음 인쇄되었을 때의 기록을 보는 것도 재미있을 것이다. 그것은 콜럼버스의 아들 페르디난도(Ferdinando)가 쓴 것으로 그의 아버지의 일기 중에서 1492년을 기준으로 한 것이다.

9월 13일 저녁때 그(콜럼버스)는 자침이 북동쪽으로 반 눈금 편위한 것을 보았는데 다음 날 새벽에는 또 반 눈금 편위한 것을 보았다. 여기 자침이 북극성의 방향을 가리키지 않고 다른 곳을 향하고 있다는 것을 알았다. 이런 변동은 이전에 누구도 관찰하지 못했던 것이기 때문에 놀라는 것이 당연했다. 3일 후, 배가 100리그(league, 약 3마일) 정도 전진했을 때 다시 놀랐다. 밤에는 자침이 북동쪽으로 약 한 눈금 편위하고 있었는데 다음 날 아침에는 다시 바로 북극성 쪽을 가리켰기 때문이었다.

이 사건을 기술한 것 중에서 몇 가지는 콜럼버스가 능숙한 항해자로서 높은 명성을 떨치고 있었던 덕분에 선원들에게 신임을 얻고 있었다고 한다.

그러나 콜럼버스에 관한 권위 있는 저자인 밀러(A. C. Miller)에 의하면 청년 시절에는 콜럼버스가 항해술에 크게 숙달했다는 것을 증명할 만큼 믿을 수 있는 충분한 정보는 없었다고 한다. 밀러는 「당시 알고 있었던 지자기에 관해서 콜럼버스는 보통 키잡이 이상으로 알고 있지 못했다」라고 믿고 있었다. 「만약 이 견해가 정당하다고 하면 대서양 횡단 중의 나침반의 바늘이 나타낸 변동에 대하여 현명한 해석을 내리는 입장에 있지 못했다」고 하였다.

많은 사람들은 콜럼버스가 자침의 변동을 발견했다고 믿고 있었으며 그 이후의 많은 저자들도 이 신념을 더욱 공고히 만들었다. 그러나 앞에서 인용한 바 있는 저자에 의하면

자침의 동쪽으로의 편위는 콜럼버스가 최초의 항해 이전에 북서 유럽에서는 이미 관찰되었던 것이 거의 확실하다.

고 하였다. 그렇다고 해도 동서 방향의 긴 항해 중에 일어난 자침의 변동을 거의 정확하게 기록한 것은 콜럼버스가 최초였다고 해도 틀림이 없을 것이다.

외르스테드, 전류의 자기작용을 발견

자침의 예상 밖의 동작에 관한 두 번째 눈부신 사건의 이야기는 볼타[26]가 전류를 얻는 방법을 발견(13장 참조)하고 7년 후에 시작된다.

영국의 과학자 데이비[27]는 그런 전류를 써서 화학물질을 분해해서 나트륨이라는 새로운 금속을 분리했다. 그의 발견은 1807년에 이루어졌는데 그 뒤 과학자들은 한때 전류가 여러 물질에 미치는 화학작용에 관한 연구에 몰두하게 되었다. 그래서 잠시 동안은 전류의 다른 작용에 관해서는 거의 주의를 기울이지 않았다.

그러나 1819년에 들어와 우연한 사건으로 전류가 갖는 역학적인 성질이 발견되었다. 이것은 과학과 산업에 있어 헤아릴 수 없을 정도의 가치를 갖는 것이다.

코펜하겐 물리학 교수 외르스테드[28]는 어느 날 정전기(靜電氣), 갈바니즘(Galvanism, 전류를 말한다. 갈바니[29]에서 유래됐다), 자기에 관한 강의를 하고 있었을 때 볼타 전지의 양극에 긴 도선을 연결해서 쓰고 있었다. 강의 도중 그는 아무런 생각 없이 「전지가 작용하고 있는 곳에 도선을 평행하게 놓아 보자」라고 말했다. 그리고 도선은 자침에 평행하게 걸쳐 놓고 전

---

26 Alessandro Volta, 1745-1827
27 Humphry Davy, 1778-1829
28 Hans Christian Oersted, 1777-1851
29 Luigi Galvani, 1737-1798 (13장 참조)

외르스테드의 실험. 앞에 보이는 것은 직렬로 연결한 전지

류의 스위치를 눌렀다. 그랬더니 자침이 빙 돌아 도선에 직각되는 방향으로 향하는 것을 보고 그는 놀랐다.

외르스테드는 곧 이 예상 밖의 현상을 자세히 연구해 볼 가치가 있음을 깨달았다. 한 친구와 같이 이 실험을 되풀이하고 또 그 내용도 확대해 갔다. 교실에서의 처음 실험은 「약한 장치를 사용한 것」이었으므로 두 사람은 이번에는 훨씬 센 전지를 사용했다. 그는 그때의 상황을 다음과 같이 기술하고 있다.

우리들이 사용한 갈바니의 장치는 20개의 구리로 만든 통으로 되어 있었다. 통의 길이와 높이는 12인치이고 너비가 2.5인치를 약간 넘을 정도의 크기였다. 모든 통에나 두 장의 구리판을 장치하고 이 두 장을 잘 접어 구리막대를 끼우고, 구리막대를 다음 통에 담근 아연판과 연결하였다. 각

통의 물의 무게의 1/60 되는 황산과 그것과 같은 양의 질산을 넣었다. 아연판이 물속으로 잠긴 부분은 변의 길이가 약 10인치의 사각형 모양이었다. 갈바니 전지의 양쪽 끝은 도선으로 연결하였다.

그림에서는 이 20개의 볼타전지 통의 일부를 볼 수 있다. 이것으로 당시의 과학자들이 전류를 얻는 데 얼마나 복잡한 장치를 썼는지 알 수 있다.

다음 그림은 실험에서 얻은 결과를 나타낸 것이다. (a)에서 전류가 점선으로 나타난 방향으로 흐를 때 도선을 자침 위에 놓으면 이 자침은 작은 화살로 나타낸 방향으로 돌아서 도선에 직각되는 방향을 향한다. 그러나 (b)와 같이 전류의 방향을 반대로 하면 바늘은 반대방향으로 향하게 된다.

다음에 외르스테드의 도선을 자침의 밑에 놓았는데 이때는 자침이 (c), (d)에서 나타난 방향으로 돌아서 도선과 직각방향으로 향하였다. 이 경우도 자침의 방향은 전류의 방향이 바뀌면 반대로 되지만, 이것은 도선을

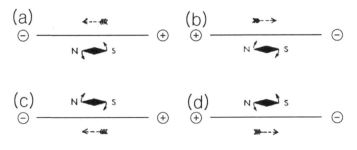

전류의 방향과 자침이 움직이는 방향과의 관계

자침 위에 놓았던 (a), (b)의 경우와는 각각 반대가 되었다.

외르스테드의 발견이 발표되자 도처에서 큰 센세이션이 일어났다. 곧, 여러 나라에서 번역되어 과학 잡지에 실렸다. 같은 실험이 도처에서 되풀이되었을 뿐 아니라 많은 논문이 나오게 되었다고 한다.

뒤이어 다른 과학자들이 계속 새로운 발견을 하였다. 전류는 쇠의 내부에서 자기를 유도한다는 것이 알려졌다. 전자석도 발명되었다. 이것은 쇠막대 둘레에 절연한 긴 도선을 감아서 만든 것으로 도선의 두 끝을 볼타전지의 양극에 연결해서 전류를 흘리면 쇠는 센 자력을 띠게 되었다.

다음, 도선에 흐르는 전류가 자장을 만드는 것과 반대되는 현상이 있음을 발견하였다. 즉, 움직이는 자석은 도선으로 감은 코일에 전류를 유도한다는 것이다.

패러데이[30]는 외르스테드의 발견이

이제까지 캄캄했던 과학의 한 분야의 문을 활짝 열고, 빛의 홍수로 채웠다.

라고 말했는데 그것은 사실이다. 이후 자석, 모터, 발전기의 발명을 가져오게 한 것은 강의 도중에 학생들 앞에서 아무런 생각 없이 행한 그의 실험이었던 것이다.

---

30 Michael Faraday, 1791-1867

5. 갈릴레이와 사탑

갈릴레이의 시대

갈릴레이[31]와 사탑의 이야기, 그리고 뒤에 나올 두 이야기를 충분히 이해하려면 그것의 올바른 배경을 확실히 알아야 한다. 왜냐하면 여기서 이야기하는 사건들은 과학사에서 매우 중요한 시대에 일어났던 일이기 때문이다.

15세기 무렵까지 학자들은 소수를 제외하고는 고대 학자들의 가르침을 아무런 의문도 품지 않고 받아들여 왔다. 그러나 15~16세기가 되면서 여러 가지 중요한 발견이 연달아 일어나고 다양한 변화가 생겼다. 그 예로 아메리카 등 신대륙이 발견되었고, 종교개혁은 종교계에 큰 파문을 일으켰다. 또한 인쇄술이 발달했다. 호기심으로 자연계를 조사하기 시작한 소수의 학자들은 빈번히 놀라운 성과를 올렸다.

1500년 경, 폴란드의 철학자 니콜라우스 코페르니쿠스[32]는

태양이야말로 우주의 중심이고 지구는 그 둘레를 돌고 있다.

---

31 Galileo Galiei, 1564-1642
32 Nicolaus Coper-nicus, Niklas Koppernigk, 1473-1543

라는 주장을 발표해서 지식인들을 놀라게 했다. 이 견해는 고대학자의 가르침에 어긋난 것이었다. 이 주장은 널리 보급되지 않았거니와 일반인에게 받아들여지지도 않았다. 대부분의 대학이나 학교에서는 여전히 고대학자 아리스토텔레스[33]가 확립한 전통적인 과학을 계속해서 가르쳤다.

갈릴레이는 1564년에 태어났다. 젊었을 때 먼저 의학을 공부하였으나 대학에 들어가자 의학을 그만두고 수학을 연구하기로 했다. 이 분야에서 그는 비상한 독창성을 발휘했는데, 그의 수학의 연구방법은 아리스토텔레스 등 고대학자들의 저서를 그냥 읽고 논하는 것뿐인 종래의 연구방법과는 전혀 다른 것이었다.

갈릴레이는 실험을 하지 않고서는 자기의 호기심을 만족시킬 수 없었다. 갈릴레이 이전에도 소수의 사람들은 실험적 방법에 의해 과학을 연구했는데, 당시의 학자들에게서 아주 심한 비난을 받았던 것이다. 갈릴레이 자신도 이런 비난을 면치 못했던 것은 다음의 이야기에서 알 수 있다.

중력의 개념과 작용

1590년 당시 25세의 청년이던 갈릴레이는 이탈리아 토스카나(Toscana)의 피사(Pisa) 대학 수학강사로 있었다. 물체가 공중에서 떨어지는 속도에 관해서 공개실험을 하기로 작정했다.

---

33 Aristoteles, B.C. 384-322

여기서 먼저 〈중력(Gravity)〉이란 어휘를 설명해 두기로 하자. 어떤 물건이든 끌든가 밀든가 하지 않으면 움직이지 않는다. 물건을 끌든가 밀든가 해서 움직이게 하는 것을 힘이라고 한다. 대개 힘에 있어서는 그것이 작용하는 메커니즘을 실제로 볼 수 있을 때가 많다.

예를 들면 기중기가 줄을 당겨서 짐을 실어 올리는 것을 볼 수 있다. 기관차가 일련의 화차들에 힘을 가해서 끌고 가는 광경도 흔히 볼 수 있는데 이 경우 각 화차가 철로 만든 연결기에 의하여 바로 앞 화차에 이어져 있기 때문에 기관차의 힘이 계속해서 화차 전체에 전해져서 일제히 움직이게 되는 것이다. 그러나 줄도 체인도 단단한 연결기도 없는데 서로 작용을 미치는 힘이 있다.

한 가지 예를 들면 자석이 쇠를 당기는 것이다. 즉 자석은 쇠를 끌어당기지만 이 둘 사이를 직접 연결하는 것은 아무것도 없다. 쇠는 자력이라는 힘으로 끌리는 것이지만 이 힘은 물론 눈으로 볼 수 없다. 둘 사이를 연결하지 않고서 작용을 미치는 다른 또 하나의 힘은 지구가 물체에 작용해서 그것을 지면으로 끄는 힘이며 이것을 중력이라고 한다(10장 참조).

중력에 관한 지식은 전쟁에서 대포가 쓰이게 되면서부터 대단히 중요하게 되었다.[34] 포탄이 공중을 어떻게 날아가는가 하는 문제를 생각하지 않으면 안 됐기 때문이다. 일부 학자들은 날으는 포탄에 작용하는 힘은 두 가지가 있는 것을 똑똑히 알고 있었다. 하나는 화약의 폭발에서 생기

---

34 『과학사 뒷얘기 I —화학』, 1장 참조

는 힘으로 이것은 폭탄을 공중 높이로 쏘아 올린다. 다른 또 하나의 힘 즉 중력은 포탄을 지구 쪽으로 당겨서 지면에 떨어지게 만든다.

사탑에서 공을 떨어뜨리다

물체가 공중에서 어떤 식으로 낙하하는가는 몇 세기 전부터 연구의 주제가 되어 왔다.

아리스토텔레스는 물체를 높은 곳에서 떨어뜨리면 무거운 것은 가벼운 것보다 훨씬 빨리 떨어진다고 했다. 무게가 다른 쪽 무게보다 100배가 되면 100배 빨리 떨어질 것이라고 말했다.

갈릴레이는 이 말에 의문을 품고 실제로 높은 곳에서 무거운 공과 가벼운 공을 떨어뜨려서 시험해 보려고 결심했다. 그가 아무리 찾아보아도

갈릴레이와 사탑

피사 이상으로 이 실험에 적합한 장소는 찾아 볼 수 없었다.

왜냐하면 피사에는 유명한 〈사탑(Leaning Tower)〉이 있었기 때문이다. 이 건물은 피사 대사원의 종루로서 12세기에 착공되었던 것인데 일곱 개의 층과 그 위에 종을 단 당이 있고 그 높이가 약 180피트나 된다. 이 건물은 무서울 정도로 기울어져 있어서 꼭대기 부분은 연직선(鉛直線)으로부터 14피트 정도나 밖으로 나와 있다. 이 탑은 고의로 그렇게 세워진 것이라 생각되고 있었다.

지금은 이 탑이 애초에는 똑바로 세우려고 한 것이었으나 기초로 세운 나무를 박은 곳이 진구렁이어서 탑이 약 30피트 높이까지 지어졌을 때부터 한쪽으로 기울기 시작했다고 생각되고 있다. 기울기는 했지만 그 당시 이 건물을 지금의 높이까지 완성시키기로 결정을 보았다. 7층의 발코니에 서면 100피트 이상 아래에 있는 지면을 내려다 볼 수 있다.

전해 오는 이야기에 의하면 1590년 어느 날 갈릴레이는 사탑의 긴 나선형 계단을 올라 7층의 회랑(回廊)으로 나갔다. 그는 금속 공을 두 개 갖고 있었다. 하나는 100파운드 무게이고 또 하나는 1파운드의 무게를 가진 것이었다고 한다(다른 저자는 다만 한쪽 공이 다른 것의 10배의 무게라고만 하고 있다).

그는 회랑에서 이 공개실험을 보기 위하여 모인 군중들을 내려다보았다. 그중에는 피사 대학의 사람들(교수, 철학자, 학생)도 있었다. 구경꾼은 모두 갈릴레이의 생각이 몇백 년 동안 사람들이 믿어온 것과는 반대된다는 것을 알고 있었다. 다른 책을 볼 것 같으면 이 젊은이가 선배들이 구축한 믿음을 반박하기 위해서 천천히 탑을 올라가는 동안 많은 사람들이 그의 불손한 행동에 노해서 툴툴거렸다고 말하고 있다.

갈릴레이는 회랑의 난간 끝에 두 개의 공을 놓고 똑같이 떨어뜨렸다. 군중은 두 공이 공중을 함께 나란히 떨어지는 것을 보았고, 또 똑같은 시각에 지면에 떨어지는 단 한 번의 소리를 들었다. 사람들은 놀랐다. 왜냐하면 그때까지도 그들은 옛날부터 믿고 있었던 그대로 무거운 공은 빨리, 가벼운 공은 훨씬 늦게 떨어질 줄로만 예상하고 있었기 때문이었다.

이 이야기는 여러 가지로 전해지고 있고 그중에는 매우 세밀한 점까지 기술된 것이 있어서 처음 기록을 살펴보는 것도 재미있는 일이다.

최초의 기록은 1654년에 쓰인 것으로 거기에 기술된 요점은 갈릴레이가 종루 높은 곳에서 교수, 철학자와 모든 학생들이 지켜보는 가운데 실험을 되풀이한 결과 공중에서 떨어지는 비교적 무거운 물체들이 모두 같은 속도로 운동하여 낙하하는 것을 증명한 것, 그리고 이 실험이 철학자들을 당황하게 만들었다고 하는 것뿐이었다.

진짜 실험한 것은 스테빈

갈릴레이와 사탑의 이야기는 과학사에서 일반적으로 가장 잘 알려진 이야기지만 여러 가지 이유에서 조작된 것으로 보인다.[35]

---

35 L. Cooper, *Aristotle, Galileo, and the Leaning Tower of pisa*, 1935

그 실험이 행해졌다고 하는 시대에 살았던 사람들의 저서를 보아도 이 실험에 관해서는 전혀 나오지 않고 있으며 갈릴레이 자신도 많은 저서 가운데 이에 관한 것을 한 번도 언급한 적이 없다. 만일 이것이 사실이었다면 그야말로 대단히 사람의 눈을 끄는 사건이었으므로 당시 살고 있던 사람들 가운데 적어도 한 사람쯤은 이에 관한 언급이 있을 듯싶다.

이에 관한 최초의 기술은 갈릴레이를 매우 존경하고 있던 비비아니[36]가 쓴 갈릴레이 전기 중에 있다. 이 책은 실험이 행해졌다고 하는 해로부터 64년이나 뒤에 출판된 것이다.

과학사를 보면 숭배자가 자기의 영웅을 존경하는 나머지 다른 사람이 한 중요한 일을 그의 영웅이 했다고 말하는 일이 많이 있다.

비비아니의 경우도 그런 것 같다. 그 이유는 갈릴레이 이전에 몇 사람이 물체는 무게에 비례하는 속도로 낙하한다고 한 아리스토텔레스의 주장을 공격한 적이 있음이 명백히 확인되었기 때문이다. 또 갈릴레이가 했다고 하는 실험과 똑같은 실험을 1590년보다 앞서 브루헤스(Bruges)의 시몬 스테빈[37]이라는 사람이 했다는 사실이 증명되고 있다.

스테빈은 뛰어난 군사기술자로서 네덜란드 육군 경리감이 되었다. 그는 수학적 재능이 뛰어났으며 또한 유럽 수학에 10진법을 도입하는 데 공적이 컸다.

---

36 Vincenzio Viviani, 1662-1703
37 Simon Stevin, 1548-1620

스테빈이 두 개의 공을 떨어뜨리다

스테빈은 그 유명한 실험을 할 적에 동료였던 데 그로트[38]의 도움을 받
았다. 두 개의 납공(한쪽이 다른 것보다 10배나 무거운 것)을 2층 창문에서 동
시에 땅에 깔아 둔 두꺼운 나무판자를 향해서 떨어뜨렸다. 아리스토텔레
스나 딴 사람들은 가벼운 공이 무거운 공보다 10배나 더디게 떨어진다고
가르쳤지만 그렇게 되지를 않았다. 그뿐 아니라 두 개가 창 밑 판자에 〈똑

---

38 Johan Cornets de Groot, 1554-1640

같이〉 동시에 떨어져서 소리가 단 한 번 들렸다.[39]

　이 실험이 행해진 것은 1587년이지만 갈릴레이가 그것을 알고 있었다는 증거는 없는 것 같다. 비비아니는 스테빈의 실험을 알고 있었고 뒤에서 이것을 갈릴레이의 공으로 돌리기로 생각했을지도 모른다. 갈릴레이가 피사의 사탑과 같은 이상적인 무대가 될 만한 건물 근처에 살고 있었던 사실이 비비아니로 하여금 그렇게 쓰도록 만들었는지도 모르겠다.

　그러므로 이 실험을 생각한 것도 갈릴레이가 최초가 아닌 것 같다. 만약 갈릴레이가 이 실험을 실제로 했다면 반드시 자기의 저서에 실험에서 얻은 결과를 기술했을 것임에 틀림없다. 그러나 그의 저서에는 다음 몇 행이 실려 있을 뿐이다.

　나는 무게 100파운드나 200파운드의 대포의 탄환과 소총의 탄환을 200큐빗[40]의 높이에서 동시에 떨어뜨리면 포탄이 총탄보다 한 뼘도 먼저 지면에 닿지 않을 것을 장담한다.

　어쩌면 비비아니가 이 글을 읽고 갈릴레이가 정말로 사탑에서 공을 떨어뜨렸다고 믿게 되었는지도 모를 일이다. 사탑의 높이는 대략 200큐빗이었던 것이다.

39　데익스터르호이스, 『시몬 스테빈』; E. J. Dijksterhuis, *Simon Stevin*, 1943
40　cubit, 길이의 단위, 로마시대에는 17.4인치, 영국에서는 18인치

6. 망원경과 진자

망원경의 발명

한스 리퍼세이[41]는 네덜란드의 미델뷔르흐(Middelburg)에서 안경점을 경영하는 사람이었다. 어느 날 그의 아들이 안경 두 개를 가지고 놀고 있었는데 마침 한 렌즈를 다른 렌즈로부터 약간 떼어서 두 개를 일직선상에 놓고 들여다보았다. 그렇게 놓고 보니 때마침 교회의 탑 꼭대기에 앉아 있는 참새가 거꾸로 보일뿐 아니라 보통 때보다도 훨씬 크고 가깝게 보였다. 아들은 큰 소리로 아버지를 불렀다.

아버지는 아들이 한 대로 두 개의 렌즈를 통해서 보고 다른 실험을 해보기로 했다.

그는 렌즈 하나를 틀에 끼워 두고 다른 하나를 그 바로 뒤에 대고 참새와 일직선이 되게 하였다. 양쪽 렌즈를 통해 보면서 제2의 렌즈를 앞뒤로 움직여서 참새가 가장 잘 보이도록 했다.

망원경의 발명에 대해서는 여러 가지 이야기가 많아서 지금 기술한 것도 그중 하나에 불과하다.

---

41 Hans Lippershey, 1570 -1619

얀스 메티우스(Jans Metius)라는 사람을 주인공으로 하는 비슷한 이야기도 있다. 이 사람도 네덜란드 사람으로서 그는 심심풀이로 렌즈놀이를 하고 있었는데, 하나의 볼록렌즈와 한 개의 오목렌즈를 통해서 보려고 했다. 볼록렌즈를 앞에 두고 오목렌즈를 뒤에 놓고 두 개를 통해서 멀리 있는 것을 보았다. 놀랍게도 멀리 있는 것이 실제보다도 훨씬 크고 선명하고 가깝게 보이는 것이었다. 이때 바로 서 있는 상(像)이 보였다.

다른 이야기로는 네덜란드 얀센(Janssen)이라는 안경장이가 우연히 발명한 것으로 되어 있다. 그 이야기에 의하면 1609년 얀센은 다른 두 사람의 네덜란드 사람보다도 한 걸음 앞서 발명했다고 한다. 그는 두 렌즈를 한 통에 장치하고 손으로 들고 편하게 눈에 갖다 대도록 만들었다. 그는 새로운 기구를 가지고 오랑주 공(公)(Prince of Orange) 겸 나사우(Nassau) 백작인 모리스(Maurice)를 찾아 갔다. 모리스는 연합주[42]의 지배자로서 프랑스와 전쟁 중에 있었다. 모리스는 뛰어난 장군으로 곧 이 기구가 군사 작전에 쓸모 있을 것을 깨달았다. 그래서 얀센에게 이 발명을 비밀에 붙이도록 명했다. 그러나 그런 비밀이 오랫동안 조용할 리 없다. 얼마 뒤 몇 사람이 망원경을 만들어 팔기 시작했다.

어떤 이야기에 의하면 앞에서 언급한 리퍼세이도 그 한 사람이었다고 한다. 이때의 망원경의 배율은 15~16배 가량이었다.

---

42 The United Provinces, 지금의 네덜란드

갈릴레이, 망원경을 만들다

유명한 이탈리아 과학자 갈릴레이는 베네치아(Venezia)에 살고 있어서 이 소식을 잘 알고 있었다. 그 자신의 말을 빌리면

열 달쯤 전에 어떤 네덜란드 사람이 망원경을 만들었다는 보고가 들어왔다. 그것을 사용하면 물체는 관측자로부터 멀리 있어도 마치 가까이 있는 것같이 보인다고 했다. 이 대단한 성능을 증언하는 보고도 있었지만 이것을 믿는 사람이 있는가 하면 안 믿는 사람도 있었다. 며칠 후 프랑스 귀족 자크 바도베르[43]가 파리에서 보낸 편지를 받았는데 그 안에도 그 이야기가 있었다. 그것을 보고 나는 이렇게 결심했다.

'먼저 망원경의 원리를 탐구하고 다음에는 이와 같은 기구를 발명할 수 있는 수단을 고찰하는 데 몰두해야겠다.'

얼마 안 가서 굴절의 이론을 깊이 연구하는 데 성공했다. 먼저 대롱으로 통을 만들어 그 양쪽 끝에 렌즈 두 개를 끼웠다. 렌즈는 어느 것이나 한 면은 평면, 다른 면은 하나는 볼록한 구면 또 하나는 오목한 구면으로 만들었다. 이렇게 만들어서 렌즈에 눈을 대어 보았더니, 물체가 만족할 만큼 크고 가깝게 보였다. 즉, 물체가 눈으로 볼 때와 비교해서 거리는 1/3로 가깝고 크기(넓이)는 9배로 보였기 때문이다.

---

43 Jacpues Badovere, 16세기 말 이탈리아에서 공부했고 갈릴레이의 제자였다고 전해진다.

또 하나의 망원경을 만들었는데, 이것은 더욱 정교해서 물체를 60배 이상으로 확대시켜 볼 수 있었다.

나중에는 노력과 비용을 아끼지 않고 썼기 때문에 매우 훌륭한 망원경을 만드는 데 성공하였다. 물체는 눈으로 볼 때와 비교해서 약 1,000배로 확대되고 30배 이상 가깝게 보였다.[44]

배율의 넓이, 즉 길이의 제곱으로 나타내는 점을 주의하자. 이것은 현재 배율이라고 하는 수치의 제곱에 해당한다. 다른 책에서 갈릴레이는 다음과 같이 말을 계속했다.

내가 망원경을 발명했다는 소문이 베네치아에 전해지자 나는 총독과 그 부인 앞에 초대되어 그것을 보여 주었다. 원로원 의원들도 모두 깜짝 놀랐다.

많은 귀족이나 원로원 의원들은 고령인데도 불구하고 베네치아에서 가장 높은 교회의 탑 층계를 올라가서 나의 망원경이 없었으면 두 시간이나 기다리지 않고서는 볼 수 없었던 멀리서 들어오는 돛배를 보았다. 그 이유는 나의 망원경의 효과로 물체는 실제보다도 10배나 가까이 있는 것처럼 보였기 때문이다.[45]

---

44 갈릴레이, 『별세계의 사자』; Galileo Galilei, *Siderus Nuncius*, 1610
45 카를 폰 게블러, 『갈릴레이와 로마교황청』; Karl Von Gebler, *Galileo Galilei and Roman Curia*

뒤에 갈릴레이는 이 새로 만든 망원경 하나와 그 구조와 육지나 지상에서의 용도를 설명한 문서를 베네치아 총독과 원로원에 바쳤다. 이 고귀한 오락의 대가로 공화국은 1609년 8월 25일 파도바(Padova) 대학 교수인 갈릴레이의 봉급을 3배 이상 올려 주었다고 한다.

망원경으로 우주를 보다

약 한 달 동안 갈릴레이는 아침부터 저녁까지 그가 만든 이상한 통을 보여 달라고 조르는 군중들에게 둘러싸였다. 그러나 그는 지상에 있는 물체를 바라보면서 자기도 즐기고 다른 사람들도 즐겁게 해주었을 뿐 아니라 이 망원경을 하늘로 돌려서 달을 관찰하였다. 아직 누구도 보지 못한 「달 표면의 언덕과 골짜기」가 보였을 때 그는 큰 희열을 느꼈을 것이 틀림없다.

얼마 안 되어 그는 수많은 별을 〈발견〉하고 하늘의 은하수가 무수히 많은 별들로 되어 있다는 것을 알았다. 그러나 그의 중요한 발견으로 생각되는 것은 행성인 목성을 관측하고 목성의 달, 즉 위성들이 그 둘레를 돌고 있음을 알았다는 것이다.

이것은 가슴을 두근거리게 한 발견으로서 갈릴레이는 여기서 코페르니쿠스 이론의 정당성을 더욱 확신하게 되었다. 그 이유는 코페르니쿠스는 사람들이 옛날부터 생각하고 있듯이 태양이 하늘을 가로질러 운동하는 것이 아니고 완전히 정지하고 있으며, 태양이 움직이는 것같이 보이는 것은 사실은 지구가 그 둘레를 돌기 때문이라고 가르쳤다.

갈릴레이는 목성의 달들이 그 둘레를 돌고 있다는 〈눈의 증언〉을 얻었으므로 우리의 달도 지구의 둘레를 돌고 있다고 생각해도 틀림이 없다고 여겼다. 이렇게 그는 지구가 태양의 둘레를 돌고 있다는 코페르니쿠스의 이론을 믿어도 틀림이 없다고 생각했다.

갈릴레이는 다음과 같이 기술하고 있으며 그 예측은 정당한 것이었다.

이 망원경을 써서 보다 훌륭한 발견들이 다른 관측자들에 의해서 계속 이루어지게 될 것이므로 우선 이 망원경의 모양과 만드는 방법, 아울러 그것을 고안하게 된 계기를 간단히 기록하고 그다음 내가 이미 관찰한 내용을 설명하기로 하자.

자작한 망원경으로 달을 보는 갈릴레이

이 장에서는 리퍼세이, 메티우스 얀센이라는 세 네덜란드인을 망원경의 발명자로 들고 있다. 이 세 사람 중에서 어느 누가 정말로 망원경을 발명했는지 분명하지 않지만 어쨌든 망원경은 1608년경 네덜란드에서 만들어졌다는 것은 의심할 여지가 없다. 그러나 이 네덜란드인들은 망원경으로 지상에 있는 먼 물체밖에는 보지 않았음을 강조한다. 그러므로 하늘을 연구하는 과학적 목적에 처음으로 망원경을 썼다는 영예는 갈릴레이에게 주어지지 않으면 안 된다.

작은 물체도 관찰하다

재미있는 것은 갈릴레이가 광학기구를 다른 방면에도 응용할 수 있으리라고 생각했다는 것이다. 실제로 갈릴레이는 한 걸음 더 나아가서 현미경을 발명할 단계에 있었다. 그것은 망원경을 통해서 가까이 있는 작은 물체를 보았기 때문이다.

그는 파리를 관찰한 체험을 다음과 같이 기술하고 있다.

파리를 보았더니 양만한 크기로 보였고 전신이 털로 싸여 있고 매우 뾰족한 털끝을 갖고 있다는 것을 알았다. 파리는 이 털끝을 유리에 있는 작은 구멍에 박아서 거꾸로 붙어 있을 수 있고 또 걸을 수도 있다.

파리가 유리 위를 어떻게 걷는가에 대한 그의 결론은 전연 틀린 것이었고 따라서 파리의 관찰은 결코 완전하지는 못했다.

망원경은 가까운 곳에 있는 물체를 확대해 보는 데는 적합하지 않은 기구이다. 왜냐하면 그 시야가 매우 좁기 때문이다. 어쨌든 망원경은 이 목적을 위해서는 오래 쓰이지 않았다. 그것은 현미경이 망원경이 발명된 지 몇 년 뒤에 발명되었기 때문이다.

역사가 매콜리[46]의 기술에 의하면 이 현미경을 통해서 파리나 다른 작은 물체들을 들여다보는 것이 영국에서 귀족들 사이에서 크게 유행했다고 한다.

진자의 등시성 발견

갈릴레이에 대해서 또 하나 유명한 이야기는 진자(振子)의 발견에 관한 것이다.

이 이야기에 의하면 당시 갈릴레이는 19세의 학생이었다. 1583년 어느 날 피사 대사원에서 기도를 올리고 있었다. 비몽사몽간에 천장에 매달려 있는 명장(名將) 포센티가 만든 아름다운 램프가 눈에 띄었다고 한다. 램프는 방금 사원지기가 불을 켜고 막 손을 뗀 다음이어서 앞뒤로 흔들리고 있었다. 처음에는 이 〈진동〉이 꽤 컸었는데 점점 작아지면서 나중에는 멈춰 버리고 말았다.

---

46 Thomas Babington Macaulay, 1800–1859

갈릴레이는 이 진동이 크든 작든 간에 램프가 한 번 흔들리는 데 걸리는 시간이 같아 보였다. 당시 의학을 공부하고 있어서 인간의 맥박이 몸의 상태가 정상이면 규칙적이란 것을 알고 있었다. 자신이 생각한 사실을 확인하기 위하여 램프가 흔들리는 동안 자기의 맥박수를 세어 보기로 했다. 이 방법으로 램프가 완전히 1회 흔들리는 데 걸리는 시간은 진동이 크거나 작거나 같다는 것을 증명했다. 오늘날의 단진자(單振子)의 아이디어를 얻은 셈이다.

단진자는 긴 실의 위쪽 끝을 묶어 매달고 아래쪽에 작은 공을 단 것을 말한다. 이 공을 옆으로 조금 올렸다 놓으면 꼭 램프와 같은 진동을 했다. 완전히 한 번 흔들리는 데 걸리는 시간은 진동이 크건 작건 같았다. 그리고 또 그는 실의 길이를 달리하면 진동하는 속도도 바뀌는 것을 발견했다.

갈릴레이는 단진자를 써서 사람의 맥박 빠르기를 재는 방법을 생각해냈고 맥박계라는 기구를 발명했다. 시간을 재는 이 장치는 1607년부터 의사들이 써서 진단에 큰 도움이 되었다.

진자시계의 고안

그 후 1641년 진자를 써서 운동을 조절하는 시계를 만들겠다는 생각이 떠올랐다. 그런 시계는 당시 사용되고 있던 불완전한 시계보다 퍽 정확한 것이 되리라고 그는 믿었다. 그때에 이미 갈릴레이는 맹인이 되었기 때문에 아들 빈센치오(Vincenzio)가 거들게 되었다.

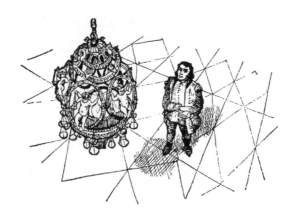

흔들리는 램프를 보고 있는 갈릴레이

빈센치오는 기술이 대단히 좋은 기계공으로 아버지의 지시에 따라 설계도를 그리고 모형을 만들었다고 한다. 그러나 갈릴레이는 병을 얻고 회복이 되지 않았기에 진자시계에 관한 그의 연구는 성공을 보지 못했다.

갈릴레이에 관한 영국의 한 권위자는 이 진자의 이야기를 다음과 같이 지적하고 있다.

이것이 뉴턴과 사과의 이야기와 같이 부질없는 이야기인지 아닌지는 지금에 와서는 결정할 수 없다. 그러나 적어도 갈릴레이가 포센티가 만든 램프를 관찰하지 않았던 것만은 사실이다. 완성된 것은 1587년경이고 그 장소에 매단 것은 그해 12월 20일이었기 때문이다.[47]

---

47 패히, 『갈릴레이-그의 생애와 업적』; J. J. Fahie, *Galileo, His Life and Work* 1903

물론 갈릴레이가 포센티가 만든 것이 아니라 해도 흔들리는 램프를 보았다는 것은 있을 수 있는 것이고 그의 아들이 1649년에 발레스토리라는 대장장이 도움으로 실제 진자를 만들었다는 증거도 있다[48].

그러나 그의 아들 빈센치오도 얼마 안 가서 죽었다. 그리고 몇 해 뒤 (1673)에는 네덜란드의 대과학자 하위헌스[49]는 1658년 설계한 진자시계를 기술한 저서를 출판하였다.

48 *Chamber's Encyclopedia*, 1955

49 Christian Huyghens, 1629–1695

7. 그래도 지구는 움직인다

옛날 사람들이 태양은 하늘을 가로질러 움직인다고 믿었던 것이 놀라운 일은 못된다. 이것은 매일 규칙적으로 되풀이되어 일어나고 있고 또 누가 보아도 분명한 운동이었기 때문이다. 이런 신앙은 이스라엘 왕 솔로몬(Solomon) 시대의 사람들도 확고하게 믿었다.

솔로몬은 말했다. '해는 떴다가 지며, 떴던 곳으로 빨리 돌아가고[50]…' 또 여호수아(Joshua)는 '태양아 기브온 위에 머무르라[51]'라고 명했다.

만약 태양이 하늘을 가로질러 움직이는 것을 믿지 않았다면 이렇게 말하지는 않았을 것이다. 성서의 이 두 구절이나 다른 구절을 인용해서 교회는 태양이 움직이고 지구는 정지하고 있는 것으로 가르쳤다. 그리고 종교상의 문제이든 속세의 문제이든 어떤 일에 관해서도 초기와 중세의 교회의 가르침은 어느 누구나 받아들여야 했고 만약 반대하면 사형까지 포함한 무서운 형벌을 받았다.

---

50 《구약성서》, 전도서 1장
51 《구약성서》, 여호수아 10장

태양중심설과 그 반응

1543년에는 태양이 정지해 있고 그 둘레를 지구가 돌고 있다고 기술한 책이 나타났다. 이 이론이 많은 지성인에게 큰 충격을 주었던 것은 놀랄 만한 일이 못된다. 그 책을 쓴 코페르니쿠스는 자기의 이론이 일반의 믿음에 위배되어 세상으로부터 비난을 받게 될 것을 알고 있었고, 또한 교회의 노여움을 겁내고 있었다. 그래서 그는 책의 출판을 몇 번이나 미루었기 때문에 인쇄를 끝낸 것은 그가 죽던 날이었다.

브루노[52]라는 이탈리아 학자가 코페르니쿠스의 이론을 받아들여 이를 지지하는 내용의 책을 썼다. 이 때문에 그는 교회로부터 미움을 사서 투옥되어 종교재판에 끌려 나갔다. 그는 1600년 파문(破門)을 당하고 이단자로서 화형에 처해졌다.

잘 알려져 있듯이 종교 개혁은 그리스도 교회를 두 파로 분열시켰다. 그러나 두 파 모두 태양이 움직인다는 것을 믿는 점에서는 일치하고 있었다.

가톨릭에서는 이것을 믿지 않는 것은 생명에 관련되는 죄로 취급하고 있었다. 프로테스탄트의 지도자 중 한 사람인 루터[53]는 코페르니쿠스를 「천문학 전체를 뒤엎으려는 바보」라고 평하고, 「그러나 성서가 증명하는 대로 여호수아가 멈추라고 명령했던 것은 태양이지 지구는 아니다」라고

---

52 Giordano Bruno, 1548-1600
53 Martin Luther, 1483-1546

덧붙였다. 한편 프로테스탄트의 또 다른 지도자 칼뱅[54]은 이렇게 물었다.

누가 감히 코페르니쿠스의 권위를 성서의 권위 위에 놓으려고 하는가?
시편 93편에도 「세계도 견고히 서서 흔들리지 아니하도다」라고 쓰여 있
지 않은가!

우리가 이 종교지도자들을 비판하는 것은 쉽다. 그러나 다른 점을 상
기해야 한다. 이 새로운 생각을 받아들인다면 성서의 가르침의 대부분이
몇 세기 동안 틀린 기초 위에 서 있었다는 것을 인정함을 의미한다는 것
이다. 이것은 교회인의 지식체계 전체를 위기에 빠뜨리게 하는 것이었다.

갈릴레이의 제1회 심문과 『대화』

1609년까지 천문학자들은 육안으로만 천체를 관찰해 왔다. 그러나
그 해, 갈릴레이는 처음으로 천체 망원경을 사용했다. 그는 목성과 그 위
성들을 관찰한 결과 코페르니쿠스의 생각에 동의하게 되었다(6장 참조).

망원경을 사용한 덕택으로 여러 가지 발견을 하고 나자 갈릴레이의 생
각이 점점 일반인에게 알려지게 되었다.

그래서 1616년 「교회는 태양이 정지해 있고 지구가 움직이고 있다는

---

54 Jean Calvin, 1509-1564

믿음은 틀린 것이다」라는 성명을 낼 필요가 있다고 생각하기에 이르렀다. 이 성명이 있은지 이틀 후에 갈릴레이는 추기경회에 소환당했다. 그때 그는 그런 생각을 갖거나 가르치거나 변호하지 않도록 공식적인 경고를 받았으며 그는 이에 따르겠다고 서약했다고 한다.

실제로 경고를 받았는지 다만 교회가 코페르니쿠스의 책을 금서로 한 것을 알려준 것뿐인지에 대해서는 저자들 사이에서 논쟁이 되고 있다(당시 신앙심 깊은 가톨릭 신자들은 금서로 결정된 책은 읽어서는 안 되게 되어 있었다). 진상이 어땠는지 모르지만 어쨌든 독실한 가톨릭 신자였던 갈릴레이는 1630년까지 이 이론에 관한 공식적인 발언을 전혀 하지 않았다. 하지만 그 해에 『두 세계 체계에 관한 대화』[55]란 저서를 출판했다.

갈릴레이의 종교재판

이 저서에서 갈릴레이는 코페르니쿠스의 이론을 강력히 지지했다. 그는 이미 가톨릭당국으로부터 이 책을 발간해도 좋다는 허가를 얻고 있었지만 이 책 출판으로 그는 예수회(Society of Jesus)와 도미니크 승단(Dominican Order)의 승려들 사이에 많은 적을 만들게 되었다. 그들이 대단히 분개했기 때문에 얼마 안 가서 종교 재판소는 그 책의 내용을 조사하기 위해 위원회를 설치했다. 이 위원회는 그의 설이 틀렸다고 보고했으며

---

55 약해서 『대화』, *Dialogues Concerning Two Chief World Systems*

따라서 갈릴레이를 재판소에 출두하도록 명했다.

이때 그는 이미 70세의 병든 몸으로 재판을 받기 위하여 여행하는 것이 무리라고 항변했지만 당국은 그의 출두를 강요했다. 다만 갈릴레이가 로마에 도착했을 때 피의자는 투옥되는 것이 관례였지만 그의 친구 집에 머물 수 있는 특혜를 받았다.

갈릴레이의 첫 번째 심문에서는 그가 이 책을 '선의'에서 썼다고 항변한 것 외에는 거의 아무 일도 없었다. 그러나 2회 심문에서는 그가 쓴 것을 부인하지 않는 한 1단계의 고문에 처할 것이라는 위협을 받은 것 같다[56]. 그는 자기의 생각이 틀렸음을 선서하고 고백했다.

갈릴레이의 종교재판은 1633년 6월 22일 로마의 산타 마리아 소프라 미네르바(Santa Maria Sopra Minerva) 수도원에서 엄숙히 개정되었다. 여기에는 많은 추기경(그를 재판할 판사)과 교회의 고등사무관들이 참석했다. 아마 모두 법복을 입고 있었을 것이다. 먼저 갈릴레이의 1615년의 죄가 새삼 들추어졌고, 1616년에 복종할 것을 약속했던 사실을 상기시키면서 끝으로 판결이 선고되었다.

그대, 갈릴레이는 많은 사람들에게 가르쳐진 그릇된 교의(敎義)를 정당하다고 한 죄로, 또 성서에서 나온 반대설에 대해서 성서를 자기 자신의

---

56 이 고문은 〈데리도 레알리소(derido realiso)〉라 하며 피의자에게 갖가지 고문도구를 보여주고 그것이 어떻게 쓰이고 또 어떤 결과를 가져왔는지 자세히 설명하는 것이다

생각에 따라 해석해서 답한 죄로 1615년 종교 재판소에 고발됐다. 이에 종교 재판소는 다음과 같이 포고한다.

첫째, '태양이 세계의 중심에 있어 움직이지 않는다'는 명제는 불합리하며 철학적으로 틀렸고, 성서에 명백히 위배되므로 이단이다.

둘째, '지구가 세계의 중심이 아니고 부동이 아니며 운동한다.'고 한 명제도 불합리하고 철학적으로 잘못이며 신학적으로는 적어도 신앙으로서 틀렸다고 간주된다.

그러나 당시 그대를 관대하게 대하려고 추기경회는 벨라르미노(Bellarmino) 추기경으로 하여금 그대에게 앞의 그릇된 교의를 완전히 버리도록 종용하라고 포고하였다. 그러므로 그대는 장차 그것을 말로든 문서로든 어떤 방법으로도 변호하거나 가르치지 않을 것을 명령받았고 그대가 복종을 약속하였으므로 방면되었다.

법정에서 선서하는 갈릴레이

1616년에 있었던 일을 이렇게 묘사한 다음, 선고는 이어 갈릴레이는 자신의 그 전의 견해를 변호하는 책을 썼다고 고백한 사실을 지적하고 있다. 판결문은 다시 계속된다.

　　이것은 참으로 중요한 과오이다. 왜냐하면 어떤 견해라도 성서에 위배된다고 선고되고 결정된 이상 어떤 방법이든 시인될 수 없기 때문이다. 그러므로 그대의 주장의 정당성 여부와 그대의 고백과 변명 그 밖에 고려할 만한 모든 것을 두루 검토하고 신중히 고려한 끝에 다음의 최종판결에 도달했다.

　　우리는 그대 갈릴레이가 종교 재판소에서 이단의 혐의를 받기에 이르렀음을 진술했다고 판단해서 선고한다. 즉, 그대는 과오를 범했으며 성서에 위배되는 교의를 그것이 성서에 위배된다고 선고된 뒤에도 계속해서 믿고 지지해 왔다. 그 결과 그대는 위반자에게 가해지는 성스러운 법규로서 공포되어 온 비난과 형벌을 받아야 한다.

　　그러나 그대가 참된 마음과 성실한 신앙을 가지고 우리들 앞에서 앞의 과오와 이단 및 로마 가톨릭과 법왕의 교회에 위배되는 모든 과오와 이단을 지금부터 그대에게 주어진 대로 공공연히 포기하고 저주하고 혐오한다는 조건으로 그대를 그 비난과 형벌에서 사면해 주는 것을 즐거움으로 삼는 바이다.

　　그리고 갈릴레오 갈릴레이의 저서가 공공의 포고에 의하여 금지될 것을 선고한다. 우리는 그대를 임의로 정할 수 있는 기간 동안 이 종교 재판소에 정식으로 감금할 것을 통고한다. 또 참된 회개의 방법으로 우리는 그대에게 앞으로 3년간 매주 1회, 7편의 회죄(悔罪) 시편을 외울 것을 명하며 위의 형벌과 참회를 늦추거나 변경시키고 또 전부 또는 일부를 취소하는 권한을 우리들은 유보한다.

이 선고가 끝난 다음 갈릴레이를 꿇어앉게 하여 다음과 같은 서약을 시켰다.

나, 갈릴레이, 고 빈센치오(Vincenzio) 갈릴레이의 아들, 피렌체(Firenze) 시민, 당년 70세는 재판소에 나와 추기경님 및 이단의 부패에 대항하는 전 세계의 그리스도교국의 종교 재판소장님 앞에 꿇어 엎드려 앞의 복음 성서에 내 손을 얹으면서 성 가톨릭과 법왕의 로마교회가 지지하고 선교해 온 모든 것을 나는 언제나 믿어 왔으며 현재도 믿고 있으며 신의 도움으로 장차에도 믿을 것을 서약합니다.

그러나 이 종교 재판소에서 법에 의하여 '태양이 세계의 중심에 있어 움직이지 않는다.'고 주장하는 그릇된 견해를 포기하도록 명령받고 또 위의 교의를 지지하고 변호하고 가르치는 것을 금지당했음에도 불구하고 나는 위 교의를 취급하는 한 책자를 쓰고 출판 했습니다. (중략)

그러므로 나는 위 재판소에서 심의 이단의 혐의가 있는 것, 즉 내가 '지구가 중심이 아니고 태양의 둘레를 움직이고 있다는 것'을 지지하고 믿고 있다고 엄격히 비판되어 판결이 내려졌습니다.

그러므로 여러분들 및 모든 가톨릭교도의 마음으로 나에 대하여 품은 격렬한 혐의를 벗기를 갈망하기에 나는 진심과 성실한 신앙으로 위의 과오와 이단 및 일반적으로 신성한 교회에 위배되는 다른 모든 과오와 이단 행위를 포기하고 저주하고 혐오합니다. 나는 앞으로 그런 혐의를 불러일으키는 것은 무엇이나 말로든 문서로든 다시는 결코 주장하지 않으며 만약 이단자 또는 이단의 혐의를 받는 사람을 한 사람이라도 알게 되면 그 사람을 이 종교 재판소 또는 내가 사는 곳의 종교 재판관이나 사교(司敎)에게 알릴 것을 서약합니다.

더욱 나는 이 종교 재판소가 내게 과하거나 앞으로 과할 모든 회개를 실행하고 완전히 지킬 것을 맹세하고 약속합니다. 그러나 만약 내가(그런 일은 결코 없겠습니다만) 자기 말로써 한 약속이나 서약에 위배되는 행위를 할 때에는 나는 그런 위반자에게 내려지는 성스러운 법규나 다른 일반적인 또는 특수한 법률로 규정하고 공포된 모든 형벌을 달게 받겠습니다. 신이여, 내가 손을 얹고 있는 성복음서여, 나를 구하소서. 나 갈릴레오 갈릴레이는 이상과 같이 선서하고 약속합니다.

이것의 증거로서 나는 이 선서의 문서 한 구절 한 구절을 되새겨 외우고 나서 나 자신의 손으로 서명했습니다.

1633년 6월 22일
로마 미네르바 수도원에서

「그래도 지구는 움직인다」를 둘러싸고

갈릴레이는 재판 중에 털 셔츠를 입도록 강요되었다고 흔히 전해지고 있다. 그러나 그가 실제로 무엇을 입고 있었는지에 대해서 확실한 기술은 없는 것 같다. 같은 시대의 어느 화가는 평상복을 입은 모습을 그리고 있다.

전해오는 말에 의하면 갈릴레이는 선서를 마치고 일어섰을 때 지구가 움직이는 것을 부정한 일에 대해서 양심의 가책을 받아 안절부절못했다고 한다. 그 이유는 「그의 양심이 거짓 서약을 한 것을 지적했기」 때문이다.

그는 땅을 내려다보고 발을 구르면서

E pur simuove(그래도 역시 그것은 움직인다)

라고 중얼거렸다.

이 구절은 과학사에서 실제 많이 인용되고 있다. 그러나 그가 그런 말을 재판관 앞에서 말했다는 것은 생각할 수 없는 일이다. 왜냐하면 병든 몸으로 지금까지 건장한 젊은이도 견디기 힘든 경험을 겪고 지칠 대로 지쳐 있었을 것이기 때문에 그에게는 그만한 힘과 용기가 남아 있지 않았을 것이다.

그뿐 아니라 재판관이 만약 그런 발언[57]을 들었다면 그에게는 가혹한 형벌이 가해졌을 것이 틀림없기 때문이다.

이 구절이 처음으로 인쇄되어 책에 실린 것은 1757년 그의 초상화와 더불어 적힌 다음 문구인 듯싶다.

이것은 유명한 갈릴레이로, 지구가 움직인다고 말했기 때문에 6년간 재판소에 갇혀 고문을 당한 사람이다. 그는 방명된 순간 하늘을 쳐다보고 땅을 내려다보면서 발을 내딛고 명상적인 기분으로 「그래도 역시 그것은 움직인다」라고 말했다. 그것이란 지구를 말한다.

갈릴레이가 이런 말을 입 밖에 냈다고 해도 법정 밖에서 말했을 것이고, 그 안에서는 못했을 것 같다. 실제로 그가 법정을 나와서 말했다고 하면 충분히 있을 수 있는 일이다.

그때 몇몇 옛 친구들에게 둘러싸여 있었기 때문이다. 그 증거를 그의 옛 초상화에서 볼 수 있다. 이 초상화는 1911년에 액자로부터 내려졌다. 그런데 그때까지 액자 아래 숨겨졌던 여백에 몇 개의 그림이 나왔다. 사람의 눈에 잘 띄지 않게 일부러 감춰둔 것 같았다. 그것은 태양의 둘레를 도는 지구를 그린 그림으로 그 옆에 "E pur simuove"란 구절이 적혀 있었다. 이 그림은 1646년 갈릴레이가 판결을 받고 나서 머물렀던 집의 주

---

57 〈법정모욕죄〉에 해당하는 말

인이 어떤 에스파냐 화가에게 부탁해서 그려진 것 같다.

오늘날 갈릴레이가 재판관들 앞에 나가기 전에 고문을 당했다는 것을 믿는 사람은 거의 없다. 그러나 관례적 절차에 따라 1단계의 고문을 한다는 위협을 당했을 것이다. 그에게 내려진 형은 가벼운 것이었다. 이틀 동안 종교 재판소에 구류당하고 그 후는 친한 대사교(大司教)의 집에 〈자택연금〉의 상태에 놓여 있었다. 그는 거기서 몇 달 머무른 다음 피렌체의 자택에 돌아가는 것을 허락받았고 그곳에서 생애의 나머지를 〈엄중근신〉하며 보냈다.

8. 기압계의 로맨스

17세기 중엽까지 과학자들은 「자연은 진공을 싫어하고 겁낸다」라고 믿어 왔다. 「자연이 진공을 싫어한다」는 믿음은 펌프의 작용을 설명하는 기초가 되었다.

펌프는 긴 관으로 한 끝을 길어 올리려는 물속에 넣고 다른 한 끝을 통이나 둥근 관에 연결해 놓는다. 펌프의 핸들을 아래위로 움직이면 둥근 관 안에 부분적인 진공이 생긴다. 그러면 자연은 진공을 싫어하기 때문에 그것을 없애기 위해서 곧 물을 관 속으로 상승시켜 빈 공간을 채운다. 이렇게 당시의 과학자들은 설명했다.

물이 안 나오는 우물과 갈릴레이

전설에 의하면 1640년 토스카나 대공(大公)(Grand Duke of Tuscany)이 궁전 뜰에 우물을 파기로 했다. 일꾼들은 보통 우물보다 훨씬 깊게 파야 했다. 40피트 깊이까지 파서야 겨우 수면까지 도달할 수 있었다. 펌프를 박아서 관의 끝이 지하수에 잠기도록 했다. 그리고 펌프를 움직였으나 이상하게도 아무리 빨리 핸들을 상하로 움직여도 물이 펌프에서 한 방울도 나오지 않았다. 사람들은 펌프의 어딘가에 잘못이 있다고 생각하고 신중히 검사를 해보았으나 펌프에는 아무런 결함도 발견되지 않았다.

이 기묘한 일은 곧 대공에게 보고되었으나 대공도 그들과 마찬가지로 펌프가 잘 작동하지 않는지 알 도리가 없었다. 당시 대공과 같은 부호들은 대개 유명한 과학자의 〈후원자(Patron)〉였다. 그들은 과학자에게 급료를 줘서 과학자들이 생계비를 벌기 위해 다른 일을 하지 않아도 연구를 계속할 수 있게 해주었다.

펌프의 일이 있기 훨씬 전에 갈릴레이는 대공의 〈특명 수학자 겸 철학자(Chief Mathematician and Philosopher)〉로 임명되어 있었다. 그래서 대공은 이 문제에 관한 의견을 갈릴레이에게 물었다.

갈릴레이는 물이 펌프의 관 속을 「18밤(bahm, 약 33피트)」의 높이까지는 올라가지만 그 이상은 올라가지 않는다는 것을 알았다. 이 사실을 〈설명〉하고 자연은 진공을 싫어하지만 그 혐오는 물이 관을 18밤 높이까지 오르면 그만이라고 말했다. 그러나 그는 자신의 설명에 완전히 만족하지 못했던 것 같다. 당시 자신은 노인이어서 젊고 전도가 촉망되는 제자였던 토리첼리[58]에게 이 문제를 연구할 것을 부탁한 것에서 알 수 있다.[59]

58 Evangellista Torricelli, 1608-1647

59 *Encyclopaedia Britannica SupPlement*, 1824

토리첼리, 진공을 만들다

토리첼리는 펌프가 무거운 액체는 가벼운 것만큼 빨려 올라가지 못한다고 믿었기 때문에 연구에 수은을 쓰기로 했다. 수은은 같은 부피의 물의 13.5배나 무겁기 때문에 펌프가 수은을 최대한 빨아올리는 높이는 33피트를 13.5로 나눈 값 즉 약 33인치일 것이라고 예상했기 때문이다. 즉 물 대신 수은을 쓸 때의 큰 이점은 적어도 33피트가 돼야 할 긴 관 대신 길이가 약 1m인 관을 사용할 수 있다는 점이다.

한 끝이 막혀 있는 길이 약 1m되는 유리관을 구했다. 먼저 이 관에 수은을 가득 넣고 열려 있는 끝을 엄지손가락으로 막았다. 수은이 담겨 있는 그릇에 이 관을 거꾸로 세우고 열려 있는 끝이 수은 면 아래까지 잠기게 했다. 그리고 열려 있는 끝에서 엄지손가락을 떼면 관 속에는 높이가

토리첼리의 수은이 든 관

약 30인치(76㎝)되는 수은주가 남아 있는 것을 볼 수 있었다. 수은이 가득 찼던 관의 윗부분에 빈 공간이 생겼다(후에 이것은 토리첼리 진공이라고 일컬어지게 되었다).

이 실험이 있기 훨씬 전에 갈릴레이는 공기도 모든 물질과 같이 무게를 갖고 있다는 것을 밝혔다. 그래서 토리첼리는 그릇에 들어 있는 수은 면을 누르는 공기의 무게가 수은이 관에서 흘러내려 오는 것을 막는다고 결론지었다. 관 속에 남아 있는 수은의 무게가 그릇 속에 있는 수은 면을 누르는 공기의 압력과 비기면 그 이상 수은이 그릇 속으로 빠져나오지 못한다. 그리하여 토리첼리는 이전에 있었던 펌프의 실패에 올바른 설명을 했다. 그는 공기가 우물 안의 수면을 내리미는 압력은 펌프의 관 속에서 물을 30인치의 13.5배 즉 33피트 높이까지만 밀어 올릴 수 있으나 그 이상의 높이는 올릴 수 없다고 말했다.

토리첼리의 실험은 펌프의 실패에 관련된 문제를 해결한 데만 그친 것이 아니었다. 그 실험은 공기의 압력을 측정하는 방법을 밝혔다. 공기의 압력을 측정하기 위한 토리첼리 관을 기압계(Barometer)라고 한다. 지금도 우리는 공기의 압력을 수은주의 높이로 나타내고 수은주 몇 ㎜라 하고 있다.[60]

---

60 보통은 ㎜ 수은주가 아니고 밀리바(millibar)라는 단위를 사용한다.

파스칼의 추리와 페리에의 측정

1644년경 루앙(Rouen)에 살고 있던 블래즈 파스칼[61]이라는 프랑스 과학자는 공기가 압력을 작용한다는 사실을 알았다. 그는 「우리들은 틀림없이 무게를 갖는 공기의 바다 속에서 살고 있다」라는 글을 읽고 깊이 생각에 잠겼다. 만일 이것이 사실이라면 우리 머리 위에 있는 공기의 높이가 작을수록 누르는 공기의 무게도 작아질 것이라고 그는 추리했다. 그러고 보면 기압계의 관(토리첼리의 장치)을 높은 탑 꼭대기와 같이 훨씬 높은 곳으로 가져가면 관 안에 있는 수은주의 높이가 줄어 들 것이다.

그는 이것을 증명하기 위하여 기압계를 교회의 탑 위로 가져가 보았다. 그러나 수은주의 높이가 약간 줄었을 뿐 결정적인 결론을 내릴 수 있을 만큼 변하지 않음을 알았다.

자기 고향의 산이 생각났다. 파스칼은 파리에서 약 200마일 남쪽에 있는 클레르몽페랑(Clermont Ferrand)이라는 마을에서 태어났다. 이 마을은 약 3,000피트 높이로 솟아 있는 퓌드돔(Puy de Dome)이라는 산기슭에 있었다. 파스칼은 그때 병든 몸으로 의사로부터 심한 운동을 삼가라는 선고를 받고 있었다. 그래서 클레르몽에 살고 있던 매부 페리에(Perier)를 설득하여 대신 실험해 줄 것을 부탁했다.

1648년 9월 19일 오전 5시경 퓌드돔의 봉우리는 구름 위에 솟아 있었

---

61 Blaise Pascal, 1623-1662

다. 페리에는 이날 실험을 하기로 결심했다. 오전 8시, 친구 다섯 사람과 함께 등산 준비를 마쳤다. 모두 각기 자기의 직업에서는 이름이 알려진 사람들이었으며 과학에도 흥미를 가진 사람들이었다.

페리에는 길이가 약 4피트이고 한 끝이 막혀 있는 유리관 두 개와 그릇 2개, 수은 약 16파운드를 준비했다. 산 밑에서 한 유리관과 수은을 약간 써서 토리첼리의 실험을 해봤다. 관 속의 수은주의 높이를 쟀더니 26.4인치였다.

다른 관을 써서 같은 실험을 되풀이했다. 자신이나 친구들도 두 관의 수은주가 모두 같은 높이인 것을 확인할 수 있었다.

이어 다섯 사람은 퓌드돔 정상을 향해서 출발했다. 이때 한 친구에게 부탁해서 산 밑에 남아 관 하나를 지키게 했다. 그에게는 온종일 일정한

페리에는 기압계를 갖고 퓌드돔에 올라갔다

시간 간격으로 수은주의 높이를 읽는 일을 맡겼다. 일행은 드디어 출발점으로부터 약 3,000피트나 높은 정상에 도달했다. 여기서 토리첼리의 실험을 다시 하여 그 결과를 보니 수은주의 높이가 23.2인치였다.

수은주의 높이가 출발점에서 보다도 3.2인치나 낮아진 셈이다. 그들은 약간의 차이가 날것은 예상했었지만 이 값이 산 밑에서 얻은 값과 너무 차이가 커서 자기들의 눈을 의심할 지경이었다. 실험은 장소를 옮겨가며 되풀이해 보기로 결정했다고 한다. 그래서 그들은 산 속에 있는 작은 예배당에서도 했고, 여러 장소를 선정하여 노천에서도 몇 번이고 했다. 그러나 아무리 되풀이해도 수은주의 높이는 23.2인치로 변함이 없었다.

산을 내려오면서 중턱 지점에서 실험을 다시 해보았더니 수은주의 높이가 25인치였다. 그리고 출발점에 되돌아 와서 남겨 두고 간 수은주를 조사해 보니 여전히 26.4인치였다.

이튿날 산 밑에 있는 수도원의 승려가 클레르몽페랑의 노트르담(Notre Dame)의 높은 탑 밑과 그 꼭대기에서 실험을 해보라고 해서 그대로 해보았더니 수은주의 높이의 차가 0.2인치였다. 이 탑의 높이는 약 120피트였다.

실험결과는 파스칼에게 보고됐다. 파스칼도 곧 파리의 높은 탑을 이용해서 실험을 되풀이해서 얻은 결과가 매부가 얻은 결과와 같음을 알 수 있었다.

이 실험들은 파스칼로 하여금 공기가 무게를 갖는다고 한 갈릴레이의 이론이 맞고 또한 우리들이 위로부터 내리누르는 공기의 바다 속에 살고 있다는 것을 확실히 증명한 셈이다. 그것은 또 토리첼리의 관이 대기의

압력을 재는 데 쓰일 뿐 아니라 산의 높이를 측정하는 데 사용될 수 있다
는 점도 밝혔다.

9. 말 16마리 대 공기

오토 폰 게리케[62]는 1602년 마그데부르크(Magdeburg)의 유복한 가정에서 태어났다. 그는 수학 중에서 기하학과 역학을 배운 다음 외국으로 여행을 떠났다. 당시 외국여행은 신사교육의 중요한 부분으로 생각되었기 때문이다.

게리케는 제임스 1세(James I) 치하의 영국을 방문하고 그 뒤 유럽 대륙의 한두 군데의 대학에서 잠시 머무르다가 고향으로 돌아왔다. 당시 마그데부르크는 프로이센(Preußen, Prussia)의 한 주(州)인 작센(Sachsen)의 수도였다.

1618년 큰 전쟁이 일어나서 30년간이나 계속되었다(30년 전쟁). 전투는 주로 독일에서 있었다. 게리케는 전쟁에 참가했는데 수학에 소양이 있는 덕택으로 군사기술자로서 상당히 중요한 역할을 담당했다. 그러나 아군은 패배해서 1631년 마그데부르크가 함락되고 심한 약탈을 당했다. 약 3만의 주민이 살해되고 중요한 건물들은 거의 파괴됐다.

도시의 기사였던 게리케는 다행히도 죽음을 면하고 도시의 재건에 힘을 기울였다. 그 후 시장으로 뽑혀서 35년간이나 그 자리를 지켰다.

---

62 Otto von Guericke, 1602-1686

게리케의 물기압계

도시행정을 맡아하는 것도 대단히 바쁜 생활이었으나 게리케는 틈만 있으면 취미로 과학을 연구했다.

갈릴레이가 공기는 무게를 갖는다고 한 것을 알고 있었다. 또 토리첼리의 연구에도 깊이 흥미를 느꼈다. 그는 연구에 재간이 있었을 뿐만 아니라 유머에 대한 감각도 함께 지니고 있어서 신형 물기압계(水氣壓計)를 만들어서 즐기고 있었다.

이 기압계는 놋쇠로 만든 관 네 개를 이어서 약 10m의 길이로 만든 것을 지면에 세워서 그의 집 지붕 아래까지 이르게 했다. 긴 관 꼭대기에 가느다란 플라스크를 거꾸로 해서 장치하고 이 관 아래쪽을 물을 채워 둔 큰 통 속에 넣어 두었다. 관에서 물기압계의 역할을 하는 물기둥의 높이가 약 32피트로서 위에 장치한 플라스크 안에는 토리첼리진공이 생기도록 만들었다.

게리케는 사람 모양을 한 목상(木像)[63]을 물기압계 속에 넣고 플라스크 안의 수면에 뜨게 했다. 다음에는 관 아래쪽을 완전히 보이지 않게 하여 아무도 목상이 들어 있는 유리그릇밖에는 보지 못하도록 만들었다. 더욱이 날씨가 갠 날 수면이 올라오는 높이의 아래쪽은 판자로 둘러싸서 보이지 않게 했다. 그러므로 목상이 보이는 것은 맑게 갠 날 뿐이고 날씨가 나

---

63 마네킹이라고 불렀다.

쓰고 공기의 압력이 낮아지면 플라스크 안의 수면도 낮아져서 목상이 판자 뒤에 숨어 버린다.

날씨가 좋을 때만 나타나는 이 일기목상(日氣木像)에 주민들은 크게 감탄했고 그 때문에 「명시장 게리케는 일부 시민으로부터 암흑의 힘과 매우 친하지 않나 하는 의혹을 받았다」고 한다.[64]

마그데부르크의 반구

게리케가 이룩한 또 하나의 업적은 진공을 만드는 효과적인 공기펌프를 설계한 것이다. 이 실험은 간단해 보인다. 통에 물을 가득 채우고 통 아래쪽 관에 열기관으로 작동하는 펌프를 장치했다.

이 펌프가 통 속에 들어 있는 물을 모조리 빼내면 통 속에는 진공이 생기게 될 것이라고 그는 기대했다. 그러나 두세 번 시험해 보았으나 판자의 틈 사이로 공기가 새어 들어, 통의 판자를 완전히 밀착시킬 필요가 있음을 알게 되었다. 틈을 모두 봉했더니 물이 빠져나가자 펌프를 작동시키는 것이 점점 곤란해졌다. 결국 세 사람이 힘을 다해서 피스톤을 잡아당기지 않으면 안 되었다. 그러나 나중에는 판자들이 튕겨져서 공기가 통 속으로 큰 소리를 내면서 빨려 들어갔다.

그는 나무통으로는 너무 약해서 진공을 만들지 못함을 깨달았다. 그래

---

64 *Encyclopaedia Britannica Supplement*, 1824

서 구리를 써서 속이 빈 공을 만들어서 실험을 하기로 했다. 이번에는 용기가 부서지지 않았으나 펌프를 작동시키는 데 너무나도 큰 힘이 들었다. 실험을 시작하자 곧 네 사람의 힘센 장사가 힘을 합했지만 핸들을 거의 움직일 수 없었다.

여기서 밀폐된 공간으로부터 물 아닌 공기를 빼내는 그 유명한 공기펌프를 발명하게 된 것이다. 구리로 속이 빈 공을 만들었으나 이번에는 이 공을 절반으로 쪼갠 반구 두 개를 쓰기로 했다.[65] 두 반구는 그 모서리를 완전히 밀착시켜 속 빈 공이 되게 만들었다. 게리케는 이 속이 빈 공에서 완전히 공기가 새지 않게 하기 위하여 같은 직경을 갖는 가죽바퀴를 만들고, 초를 테레빈 기름에 녹인 용액 속에 담갔다. 이 가죽을 용액에서 들어내어 말리면 테레빈 기름은 모조리 증발하고 가죽의 작은 구멍에는 초가 꽉 채워지게 된다. 이렇게 가죽바퀴를 만들어 두 반구 사이에 와셔(Washer)의 일종으로 끼웠다. 반구 한쪽에 코르크를 장치하고 양쪽 반구 바깥쪽에는 튼튼한 고리를 만들어 붙였다. 반구와 이 와셔를 맞춰 끼우면 지름이 약 30인치되는 속반 공이 생기고 공기는 어디서도 새지 않게 되었다.

게리케는 아랫사람들로 하여금 새로 발명한 공기펌프를 운전해서 속 빈 공에서 공기를 모조리 빼내도록 시켰다. 이 실험을 그는 몇 사람 친구들 앞에서 하기로 했다. 그것은 공개실험을 하기 전에 확실히 잘 되는지 어떤지를 실험해 보기 위해서 였다. 친구들은 레겐부르크(Regenburg) 국

---

65 *Ostwald Klassiker*, 1894

회의사당 앞에 모였다. 이 실험은 대성공을 거두었다.

황제 앞에서 말의 줄 당기기

1651년 페르디난트 3세(Ferdinand III)가 이 이야기를 듣고 게리케에게 자기 앞에서 이 실험을 하도록 명했다. 그래서 곧 그림과 같은 일이 벌어졌다.

오른쪽에는 황제와 몇 사람의 신하들이 지금까지 보지 못했던 줄 당기기를 보고 있는 모습을 볼 수 있다. 여덟 마리의 센 말들이 반구 한쪽을 끌고 다른 반구도 여덟 마리의 말이 반대편에서 끌었다. 이것에 대하여 게리케가 쓴 것을 보면 이 실험은 대기의 압력은 열여섯 마리의 말로도 잡아당기지 못할 정도로 두 반구를 결합시키는 것을 보여 주기 위하여 계획되었다.

말이 전력을 다해서 잡아끌었지만 잘 안 되었다. 결국에는 말들이 있는 힘을 다해서 끌어서야 겨우 두 반구를 서로 뗄 수 있었다. 반구가 떨어질 때 궁정에 모였던 구경꾼들은 가슴이 내려앉을 정도로 놀랐다. 게리케의 말을 빌리면 마지막에 말이 반구를 잡아떼었을 때 대포를 발사할 때와 같은 큰 폭음이 났기 때문이었다(그 폭음은 물론 진공인 반구 속으로 공기가 갑자기 들어갔기 때문에 난 것이다).

이렇게 해서 황제나 그 신하들은 두 개의 반구를 떼기가 얼마나 힘든가를 보았는데 그 뒤 게리케는 손쉽게 뗄 수 있는가를 보여 주었다.

그는 말을 반구에서 떼어놓고 두 반구를 도로 딱 붙였다. 조수를 시켜 펌프를 써서 안쪽 공기를 전부 빼게 했다. 그다음에 코르크마개를 돌렸을 뿐이었다.

공기가 공속으로 들어가서 게리케는 아무런 힘도 안 들이고 반구를 떼어 놓을 수 있었다. 이것은 공 속으로 들어간 공기가 공 안쪽에서 바깥쪽으로 힘을 미치고 또 공 바깥쪽에서 공기가 안쪽으로 힘을 미치고 있는데 이 두 압력이 서로 상쇄되었기 때문이다.

그 후 지름 1m 되는 더 큰 공의 바깥 면에 작용하는 공기의 압력을 계산해서 이것이 24마리의 말로도 두 반구를 떼어 놓을 수 없을 정도로 큰 것임을 알았다. 그 전보다 더 큰 반구를 만들어서 16마리 대신에 24마리의 말을 써서 다시 실험을 했다. 말이 아무리 힘을 썼어도 이 반구는 떼어 놓을 수 없었다고 한다. 이때도 게리케는 코르크마개를 트는 것만으로도 쉽게 떼어놓을 수 있음을 보여 주었다.

줄다리기 하는 열여섯 마리의 말

10. 뉴턴과 사과

1664년 뉴턴[66]은 아직 20대 초였는데 케임브리지 대학의 트리니티 전문 대학(Trinity College)에서 수학을 공부하고 있었다. 그해 런던에 돌던 흑사병은 영국의 다른 지방까지 번져서 특히 1665년 여름에는 맹위를 떨쳤다.

이 병은 전염성이 커서 많은 사람들은 안전한 곳을 찾아 작은 마을로 이사했다. 시골이면 사람이 밀집한 도시보다는 감염될 위험이 적다고 생각했기 때문이다. 뉴턴에게는 울즈도프(Woolsthorpe)의 작은 마을에 있는 어머니 집보다 안전한 곳을 찾을 수 없었다. 울즈도프는 링컨셔(Lincolnshire)의 그랜덤(Grantham)에서 6마일 떨어진 곳에 있었다. 그래서 케임브리지를 떠나 그 후 2년쯤 어머니 곁에서 지냈다.

어머니가 사는 집에는 깨끗한 뜰이 있고 뉴턴은 흑사병이 한창 유행이던 이 2년 동안 그의 생애의 어느 시기보다도 수학과 과학을 많이 연구했다고 말하고 있다. 그는 「그 시절이 발견의 절정기였다」고 했다. 이 시기에 뉴턴은 오늘날 수학의 중요한 한 분야(즉, 미적분학)을 발견했고, 빛에 관한 많은 새로운 사실을 알아냈으며, 인력(引力)을 지배하는 법칙을 생각해 냈던 것이다.

---

66 Isaac Newton, 1643-1727

사과가 떨어지는 것을 보다

뉴턴에 관하여 가장 잘 알려진 이야기는 인력의 법칙에 관한 것이다.

어느 날 뉴턴이 울즈도프에 있는 어머니 집 뜰에 앉아 있을 때 사과 하나가 나무에서 떨어지는 것을 보았다. 그것을 본 그는 '왜 사과는 똑바로 아래로 떨어질까 하고 생각에 잠겼다. 왜 연직으로 지면에 떨어지고 위로 가든가 옆으로 가지 않을까? 그는 사과가 가지에서 떨어질 때 밑으로 떨어지는 것은 어떤 힘이 그것을 지면으로 잡아당기고 있기 때문이라는 결론을 내렸다.

이렇게 우연한 기회에 한 관찰이 인력을 발견하게 했다고 이야기는 끝 맺고 있다. 이 사건을 먼저 취급한 것은 로버트 그린[67]이 힘에 관해서 쓴 저서 가운데 실려 있는 짧은 문장일 것이다. 이 책은 1727년에 출판되었다. 이 책에서 그린은 뉴턴의 인력에 관한 생각을 소개하고 이렇게 주석을 달고 있다.

이 유명한 구성은 사과에서 얻어졌다고 한다. 나는 이것을 현명하고 학식이 많고 또 훌륭한 친구인 마틴 폭스(Martin Fox)에게서 들었다. 그는 기

---

67 Robert Greene, 1678?-1730

떨어지는 사과를 보는 뉴턴

사로서 왕립학회에서는 매우 뛰어난 회원이다. 나는 그에게 경의를 표시하기 위하여 그의 이름을 든다.[68]

몇 해 뒤에 프랑스인 볼테르[69]도 그의 『철학적 편지—영국인들에 대한 편지』[70] 중에 다음과 같이 말하고 있다.

뉴턴은 전염병 때문에 케임브리지 근처 시골에 숨어 있었다. 어느 날 뜰을 거닐고 있을 때 사과가 나무에서 떨어지는 것을 보았다. 그는 저 유명

---

68 『확장력과 수축력의 철학의 원리』; *The Principles of the Expansive and Contractive Forces*, 1727
69 Francois Marie Arouet Voltaire, 1694–1778
70 *Lettres Philosophiaues—ou lettres sur les anglais*, 1733

한 인력에 대한 깊은 명상에 빠졌다. 그 원인에 대해서는 모든 철학자들이 탐구해 왔지만 잘 몰랐던 것이다. 한편 대중은 여기에 아무 신비스러운 것도 없는 것으로 생각하고 있었다.

그로부터 몇 년 후 볼테르는 뉴턴의 이복 질녀 콘듀트(Conduit) 부인이 그에게 이 사건을 알려준 데 대해 감사하고 있다. 그녀는 또 마틴 폭스에게도 그 일을 얘기했는지도 모른다.

사과를 부정하는 사람들

다음 세기가 되자 많은 철학자들은 사과가 떨어지는 것과 같은 간단한 사건이 뉴턴의 빛나는 인력에 관한 연구에 어떤 힌트를 주었으리라는 가능성을 믿지 않게 되었다. 뉴턴 시대의 많은 저자들이 이 사건을 언급하지 않았다는 점이 주목되었다. 만일 그것을 들었다면 대부분의 저자들은 꼭 자기 저서에서 취급했을 것이기 때문이다. 말하자면 뉴턴이 사망했을 때 송사(頌詞)를 쓴 퐁트넬[71]도 뉴턴에 관한 정보 중 많은 것을 콘듀트 부인에게서 얻은 것이 사실이지만 사과에 관해서는 일언반구도 하지 않았다. 같은 시대의 또 한 사람 펨버튼(Henry Pemberton)도 이렇게 쓰고 있을 뿐이다.

---

71 Bernard le Bouvier de Fontenelle, 1657-1757

후에 『프린키피아』[72]를 낳게 한 사상을 그(뉴턴)가 처음으로 품게 된 것은 전염병 때문에 케임브리지를 떠나서 농장에 머물러 있던 1666년의 일이었다. 그는 뜰에 앉아 있을 때 인력에 관한 명상에 빠졌다.[73]

뉴턴과 같은 시대에 살았던 휘스턴(William Whiston)도 뉴턴에 관한 책을 썼지만 이 사건에 관해서는 언급하지 않았다. 뉴턴의 중요한 전기를 쓴 데이비드 브루스터(David Brewster)도 그러했다.[74]

어떤 저자는 사과 이야기에 관해 의혹을 표명하는데 그치지 않고 그것을 비웃고 있다. 예를 들면 독일 철학자 헤겔[75]은 「뉴턴의 눈앞에서 떨어진 사과의 가련한 이야기」라고 말하고 다시 이렇게 부연하고 있다.

이 이야기를 좋아하는 사람들을 인류의 타락과 트로이의 함락도 포함해서 사과가 전 세계에 얼마나 재화를 가져왔는가 하는 사실을 잊어 버렸음에 틀림없다. 실은 사과는 과학에 있어서는 흉조이다.

72 『자연철학의 수학적 원리』(*Philosohiae Naturalis Principia Mathematica*), 1687

73 『아이작 뉴턴 경의 철학관』; *View of Sir Isaac Newton's Philosophy*, 1728

74 『아이작 뉴턴경의 생애, 저작 및 발견의 회고』; *Memoirs of the Life, Writings and Discoveries of sir Isaac Newton*, 1855

75 Georg Wilhelm Friedrich Hegel, 1770–1831

헤겔과 같은 독일사람 가우스[76]는 또 이 전설을 재미있게 변형해서 다음과 같이 말하고 있다.

그 사과 이야기는 아무런 근거도 없다. 사과가 떨어지거나 안 떨어지거나 이런 발견이 그것으로써 빨라지거나 늦어졌으리라고 누가 믿겠는가? 그 사건은 다음과 같았음에 틀림없다. 뉴턴에게 바보같이 추근추근한 자가 찾아와서 어떻게 해서 그런 대 발견을 착안했는지 캐물었다. 뉴턴은 이야기 도중에 상대방이 얼마나 바보스러운가를 깨닫고 빨리 끝내고 싶어졌다. 그래서 그는 사과가 코앞에 떨어졌기 때문이라고 말해주었다. 그 이야기를 듣고 나서 그 자는 사건의 경위를 완전히 알았다고 생각하고 만족해서 돌아갔을 것이다.

살아남은 사과나무

이 이야기 중에 뉴턴이 사과가 떨어지는 것을 보고 인력을 발견하게 되었다는 내용은 완전히 부정할 수 있다. 그 이유는 그보다 앞서 인력에 관해 알고 있던 사람이 많았기 때문이다.

가령 갈릴레이는 뉴턴이 태어난 해에 사망했으나 인력에 관해서 많은 공헌을 했다(5장 참조). 그러나 사과가 떨어지는 것을 본 것이 뉴턴에게 어

---

76 Karl Friedrich Gauss, 1777-1855

떤 영감을 주어서 인력을 그때까지 누구도 감히 생각하지 못할 정도로 철저하게 연구하도록 했는지는 모를 일이다.

이 가능성은 뉴턴의 주치의 스타클리(William Stukley) 박사가 쓴 『뉴턴의 생애』[77]가 세상에 나온 덕택으로 더욱 커졌다(사실 이 전기는 200년 가까이 알려지지 않은 채 원고로 남아 있었다).

그 안에서 박사는 자기 자신이 알고 있는 것만을 근거로 했으며 〈들은 것〉은 참고로 하지 않았다고 하고 다음과 같은 글을 쓰고 있다.

1726년 4월 15일 나는 아이작 뉴턴 경을 방문하고 같이 식사를 하면서 온종일 그와 둘이 지냈다.

점심을 마친 뒤 날씨가 따뜻했기 때문에 우리들은 뜰로 나왔다. 어떤 사과나무 밑에서 나는 그와 차를 마셨다. 그는 내게 '다른 발견들은 고사하고 이전에 인력에 관한 생각이 떠올랐을 때도 꼭 지금과 같은 상태였다'고 말했다. 그 생각이 떠오른 것은 그가 명상적 기분으로 앉아 있을 때 사과가 떨어졌기 때문이었다.

'왜 사과는 언제나 연직으로 지면에 떨어지는가 하고 자문했다. 왜 그것은 옆으로나 위로 가지 않고 반드시 지구 중심을 향해서 떨어지는 것일까? 그 이유는 지구가 그것을 잡아당기고 있기 때문임에 의심할 여지가 없다'고 생각했다고 말했다.

---

77 *Memoirs of Sir Isaac Newton's Life*, 1936

이 증언에는 반론의 여지가 없다. 뉴턴이 사과가 지면으로 떨어지는 것을 보았기 때문에 인력에 대한 생각에 잠긴 것은 사실인 것 같다.

16세기 말 울즈도프의 뜰에 있는 사과나무 중의 한 나무에는〈사과가 떨어진 나무〉라는 표지가 붙게 되었다. 1820년경 이 나무는 썩게 되어 베어 버렸으나 그 목재의 일부로 만들어져서 지금까지 남아있다.[78]

1951년 『링컨셔 에코(Lincolnshire Echo)』는 이 유명한 나무의 후손이 지금도 남아 있다는 보도를 했다. 그것에 의하면 나무의 순을 따서 큰 과수연구소로 가져다가 계속해서 접을 붙였다 한다. 그래서 새로운 나무로 만들어졌으며 그중 한 나무는 미국으로 보내졌다. 이 사과는〈켄트의 자랑〉이라 불리는 품종으로서 뉴턴 시대에는 삶아먹는 사과로 인기가 있었다고 한다.

개가 태운 원고

아이작 뉴턴에 관해서는 수많은 일화가 있다. 그중의 하나는 중요한 논문이 화재로 불타버린 이야기이다. 이 이야기는 1694년 케임브리지의 트리니티 대학에 있을 때[79] 그때까지 20년 동안 해온 실험을 정리하는 책을 쓰고 있었다. 어느 겨울날 대학 예배당의 아침 예배에 참석하기 위하

---

78 D. Brewster, *Memoires*
79 당시 그의 나이는 51세였다.

여 방을 나오면서 깜박 잊고 애견 다이아몬드(Diamond)를 방에 남겨두고 나왔다. 예배를 마치고 방으로 돌아와 보니 개가 불이 켜진 초를 넘어뜨려 실험에 관한 설명의 원고지가 전부 타버린 것을 발견했다. 그때 원고(20년간에 걸친 연구를 기록한)가 재가 된 것을 보고도 그는 화를 내지 않았던 것 같다. 다만 '오 다이아몬드야, 오 다이아몬드야. 너는 얼마나 나쁜 짓을 했는지 모르겠구나'라고 했을 뿐 개를 벌하지는 않았다. 그러나 이윽고 이 중요한 손실은 그를 매우 슬프게 만들었고 건강상태까지 나빠져서 한 때는 거의 이성을 잃어버릴 정도로 되었다

뉴턴은 개가 싫어

트리니티 대학에 있는 뉴턴의 방에 불이 나서 귀중한 몇 가지 원고가 타버렸다는 확실한 증거가 있다. 또 그의 같은 때에 그는 심한 불면증을 수반한 중병에 걸려 있었다. 이 병이 원고를 잃어 버렸기 때문에 났는지 어떤지는 모를 일이다.

다이아몬드가 한 역할은 매우 의심스럽다. 뉴턴의 비서는 다른 일에 관해서 뉴턴이 개나 고양이를 싫어했기 때문에 방에서는 기르지 않았다고 하고 있다.

만약 그렇다면 개가 초를 넘어뜨렸다 해도 그것이 뉴턴이 기른 개가 아니었다고 결론지을 수밖에 없다.

그러나 사실은 가장 잘 알고 있을 것으로 믿어지는 인물인 주치의 스

타클리 박사의 정보에 의하면 불이 켜진 초가 화재의 원인이었다 한다. 그는 이렇게 기술하고 있다

뉴턴 박사는 나에게 방에 남겨 두었던 초로 인해서 《광학》(Opticks, 1704)의 원고 몇 장을 태워 버렸다고 말했다. 그러나 나는 아무런 어려움 없이 그것을 다시 재현할 수 있었을 것으로 생각한다. 또 그 저서에 어떤 흠이 있다면 그것은 아마 화재사건 때문이었을 것이라고 해도 어쩔 수 없을 것이다.

이와 같이 스타클리 박사는 개에 대하여 일언반구 언급하지 않았다.

11. 초기의 전기 실험

고대 그리스의 철학자는 호박(Amber)이란 물질을 마찰하면 보릿짚이나 마른 잎 같은 작은 물체를 끌어당기는 것을 알고 있었다. 그러나 영국 엘리자베스 1세 시대에 윌리엄 길버트[80]가 유명한 실험을 하기까지 그 지식은 거의 활용되지 못했다.

길버트는 호박과 같은 구실을 하는 다른 물질들을 발견하고 호박을 뜻하는 그리스어 〈엘렉트론(Elektron)〉을 따서 그 물질을 〈엘렉트릭(Electric)〉이라 명명하였다.

그는 호박과 자석을 써서 많은 실험을 했는데 그중에는 매우 재미있는 실험이 있어서 여왕 앞에서 실험을 하도록 명을 받았다. 그의 연구는 새로운 분야의 연구에 확실한 토대를 이룩했고 18세기에 들어와서는 급격히 발전했다. 후일에 이 분야는 〈전기〉 또는 〈자기〉라 불렸고 최근에는 〈전자기학〉이라 불린다.

---

80 William Gilbert, 1540-1603

스티븐 그레이의 실험

18세기에 행해진 실험 중에서 특히 주목을 끈 재미있는 실험은 차터하우스(Charterhouse)의 스티븐 그레이[81]가 했다. 1720년부터 1730년에 걸쳐서 그는 자기 집에서 극히 간단한 장치를 써서 연구하여 물질에는 전기를 전하는 것과 전하지 않는 것이 있음을 증명했다.

이 실험에서 그레이는 길이가 약 1m, 직경 1인치되는 유리막대를 마찰하여 전하(電荷)를 얻었다. 대전(帶電)된 유리막대는 작은 새털이나 금속박(金屬箔)을 끌어당겼다. 또 이 막대에 손을 댔을 때 짜릿한 자극을 느꼈다.

그레이는 많은 중요한 실험을 했지만 최초에서 사용한 장치의 주요 부분은 튼튼한 뜨개실을 매우 길게 늘어뜨린 것이었다. 천장에 명주실로 만든 고리를 나란히 매달고 이 고리를 통해서 이 뜨개실이 수평이 되게 만들었다. 그레이가 대전시킨 유리 막대를 실 한쪽 끝에 대고 실의 다른 쪽 끝에는 작은 새털을 가까이 가져가 보았더니 새털이 실 쪽으로 끌려가 붙었다. 여기서 그는 전기가 유리에서 실(약 300피트의 거리)로 전해 갔다는 것을 알았다. 다음에 그레이가 명주실로 만든 고리 대신에 놋쇠 철사로 만든 두 개의 고리를 천장에 매달았다. 여기에 뜨개실을 걸고 같은 실험을 해본 결과 전하가 뜨개실 다른 쪽 끝으로 전해지지 않는 사실을 발견했다.

---

81 Stephen Gray, 1670~1736

이 놋쇠로 만든 고리는 명주로 만든 고리와는 분명히 달랐다. 즉, 전기는 「실을 얹고 있는 놋쇠 고리에 이르렀을 때 이것을 통해서 천장으로 흘러가 버렸기」 때문이다. 사실 전기는 놋쇠 고리를 거쳐서 천장으로 옮겨 가 거기서 「없어졌다」 그러나 먼저 한 실험에서는 전기는 명주로 만든 고리를 통해서 천장으로 흘러가지 않았음을 나타냈다. 그는 한 걸음 나아가 전기의 전도와 절연에 관한 일련의 실험을 하기로 작정했다.

이 실험에서는 일상생활에 쓰는 도구들을 사용했다. 가령 명주 끈을 천장에 매달고 아래쪽 끝에는 부엌에서 사용하는 부젓가락을 매달았다. 다음 대전 시킨 유리막대를 부젓가락 한쪽 끝에 대고 다른 쪽 끝에 새털을 가까이 가져갔다. 그랬더니 새털이 부젓가락 끝에 끌려가서 붙었다. 여기서 그는 쇠로 만든 부젓가락이 전기를 전하는 것을 발견했다.

같은 요령으로 명주 끈에 매단 물건은 구리로 만든 주전자, 소뼈, 불에 달군 부젓가락, 세계지도 등이었다. 그 각각의 한쪽 끝에 대전시킨 유리막대를 대고 전기가 물체를 통해서 다른 쪽 끝에 전해지는가를 조사했다. 이런 실험의 결과 그레이는 많은 물질을 전기의 전도체와 절연체로 나눌 수 있었다.

지금까지의 이야기로 알 수 있겠지만 그레이는 연구의 재능이 대단한 사람이었다. 인체가 전기를 전하는가를 조사하기 위해 그는 데리고 있는 급사를 쓰기로 했다. 매우 길고 튼튼한 명주 끈을 두 가닥 준비하고 그 각각의 양끝을 천장에 매달아서 그 아래쪽에 두 개의 고리를 만들고 이것을 써서 급사, 「사람이 좋고 건장한 젊은이」를 공중에 매달았다. 즉 젊은이를 바닥에 눕게 하고 명주 끈으로 만든 고리 하나에 양쪽 발을 걸게 하고 다른 하나에 어깨 쪽을 건 다음 끈을 끌어 올려서 젊은이가 수평하게 공중을 뜨게 했다. 그레이는 유리막대를 마찰하여 대전시켜서 그것을 젊은이의 발바닥에 댔다. 그런 뒤 젊은이의 머리에 손을 대 보았더니 짜릿한 자극을 받았다. 이 실험을 통해 그는 전기가 젊은이의 몸을 통해서 끝에서 끝까지 전해진 것을 알 수 있었다.

다른 실험에서는 한쪽 손으로 금속막대를 대고 대전시킨 유리막대를 닿지 않도록 조심하면서 될 수 있는 대로 가까이 가져갔다. 이 두 막대의 좁은 간격 사이를 전기는 불꽃으로 되어 튀고 작은 폭음과 같은 빠짝하는 소리가 들렸다.

지금 우리는 이런 현상이 나타나는 까닭을 잘 알고 있다. 그러나 그 시절에는 신기한 일이었다. 그리고 훨씬 뒤까지도 전기란 이런 불꽃이나 자극을 뜻하는 것이었으며 아무런 쓸모도 없는 것이었다.

놀레 신부의 실험

「사람이 좋고 건장한 젊은이」를 이용한 그레이의 실험은 프랑스 과학자 놀레 신부[82]의 주의를 끌었다. 그는 자신도 그것을 되풀이 해 보기로 결심했다. 그도 역시 소년을 명주 끈으로 매달았다. 그림은 이 광경을 보

---

82 Abbé Jean Antoine Nollet, 1700-1770

놀레 신부가 소년을 써서 실험하다

여주는 것으로 소년이 작게 자른 금속박을 싸 놓은 탁자에 손을 가까이 가져가고 있는 것을 볼 수 있다. 소년에게 대전한 막대를 대면 금속박이 상에서 튀어 올라 그의 손에 붙었다. 구경꾼들은 이것을 보고 놀랐다.[83]

　다른 실험에서 신부는 동료과학자를 수평으로 매달고 대전시킨 유리 막대를 그의 발에 대었다. 다음 신부는 자신의 손을 동료의 얼굴에서 약 1인치되는 곳으로 가져갔다. 그랬더니 빠짝하는 소리와 동시에 둘이 다 판으로 찔린 것과 같은 가벼운 아픔을 느꼈다. 깜깜한 방 안에서 이 실험을 되풀이한 결과 〈불꽃〉이 동시에 얼굴에서 놀레 신부의 손으로 튀는 것을

83　놀레, 『물체의 전기에 관한 에세이』; Nollet, *Essais sur lélectricité des corps,* 1746

관찰할 수 있었다. 이 두 과학자는 이런 일을 예상했지만 너무나 생소한 현상이어서 후일에 신부는 「인간의 몸에서 처음으로 끌어낸 불꽃을 보고 느낀 흥분은 일생 잊을 수 없다」고 말했다.

레이던병의 발견

1740년경까진 과학자들이 실험할 때 유리막대나 유리관을 손으로 문질러서 전기를 얻었다. 그보다 훨씬 이전에 기전기(起電氣)가 발명되기는 했으나 좀처럼 보급되지 않았다.

전형적인 기전기는 유리원통에 핸들을 장치하고 명주 쿠션으로 이 유리원통을 가볍게 누르도록 되어 있었다. 핸들을 돌리면 유리원통이 회전하고 쿠션과 마찰하게 된다. 이 마찰로 전기가 얻어지는 것이다. 다음 이 기전기와 대전시키려는 물체 사이에 긴 금속관을 걸쳐서 전기를 물체에 옮긴다. 어느 과학자는 이 목적으로 총신(銃身)을 사용했다.

1746년 라이든 대학교수 페트 판 뮈센브르크[84]가 대전된 물체를 그대로 방치해 두면 곧 전하를 잃어버리는 것을 보고 대전된 물체를 절연체로 완전히 둘러싸 버리면 전하가 상실되는 것을 막을 수 있지 않을까 하는 생각을 했다. 그는 이 생각을 검증하려고 유리병에 담은 물을 대전시키기로 했다.

---

84 Pieter van Musschenbroek, 1692-1761

그는 총신 한 끝에 놋쇠로 만든 사슬을 달고 다른 쪽 끝을 기전기에 접촉시켰다. 조수로 일하던 과학자인 쿠내우스(Cunaeus)가 물을 담은 병을 들고 놋쇠사슬이 물속에 잠기도록 했다. 뮈센브르크는 기전기의 핸들을 돌렸다.

발생한 전기는 총신에 전달되고 놋쇠사슬을 거쳐서 물에 들어갔다. 잠시 후 손으로 병을 들고 있던 쿠내우스는 아무 생각 없이 다른 한 손으로 총신을 잡았다. 그 순간 그는 벼락에 맞은 것 같은 충격을 받았다. 팔과 다리가 마비를 일으켜 잠시 동안 움직이지 못했다.

몇 시간 지난 후, 마비는 곧 풀렸다. 후에 뮈센브르크는 이 사실의 전말을 어느 유명한 프랑스 과학자에게 보낸 편지에 「프랑스 왕국 전부를 준다고 해도 나는 두 번 다시 그런 충격을 받고 싶지 않다」고 했다. 그는 편지를 받는 사람에게 실험은 대단히 무서운 것이므로 결코 실험하려고 해서는 안 된다고 충고했다.

레이던병

이렇게 불쾌한 체험을 했지만 뮈센브르크와 그의 동료들은 전기를 물이 들어 있는 병에 저장할 수 있다는 매우 중요한 사실을 발견했다.

병은 쓰기 편리한 모양으로 개량되었다. 놋쇠사슬을 밖에서 드리우지 않아도 됐다. 그 대신 병에 코르크 마개가 끼워지고 거기에 놋쇠막대가 꽂혀졌다. 막대꼭대기는 공 모양으로 만들어졌고 아래쪽은 짧은 놋쇠사슬을 달아서 병에 담은 물 안에 잠기도록 만들었다. 충전할 때는 놋쇠의 둥근 부분을 기전기에 전기적으로 접촉시켰다. 1748년에는 물 대신에 금속박을 병 안쪽 면에 붙였다. 바깥 면에도 그림과 같이 안쪽과 같은 높이로 금속박을 붙였다(왼편 병은 금속박 때문에 보이지 않는 막대 부분을 점선으로 나타냈다).

그러나 이 병의 발견에 관한 이야기는 여러 가지로 전해지고 있다. 또한 사람의 과학자 폰 클라이스트[85]도 뮈센브르크와는 별도로 거의 같은 시대에 이 병을 발견한 것 같다. 그러나 어쨌든 이 병은 레이던병(Leyden jar)이라고 불리게 되었다.

원형으로 둘러싼 사람과 전기쇼크

레이던병이 충전되었을 때는 주의해서 취급하지 않으면 안 된다. 이 병을 손으로 들고 다른 손으로 둥근 놋쇠 구(球)를 만지면 전기쇼크를 받

---

85 E. G. von Kleist, 1700–1748

는다. 많이 충전되어 있을수록 그 쇼크는 대단히 크다. 철사의 한 끝을 병 바깥 면에 대고 다른 끝을 놋쇠 구에 가까이 가져가면 그 사이에 불꽃이 튀고 빠짝하는 폭음이 난다.

뮈센브르크의 실험이 발표되자 사람들은 매우 놀라고 흥분했다. 이 「자연과 철학의 경이」를 보려고 구경꾼들이 모여들었고 이 병에 대한 호기심은 대단했다. 일부 좋지 못한 사람들은 마술사 같은 분장을 하고 마을을 돌아다니면서 조잡한 실험을 통해서 병에 불꽃과 쇼크를 일으켜 시골사람을 현혹했다.

그러나 과학자들은 레이던병이 과학에 크나큰 공헌을 할 것이라고 내다보았다. 즉 그것이 발견된 것은 마침 전기라는 새로운 문제가 열심히 연구되고 있던 때였기 때문이다. 특히 프랑스의 과학자 놀레 신부는 레이던병을 써서 많은 실험을 했다.

그 실험들은 전기가 전달될 수 있는 거라, 전기가 전달되는 물질의 종류, 전기가 움직이는 속도 등을 조사하기 위하여 설계된 것이었다. 그의 실험 중에서 두 가지는 신분이 높은 사람들 앞에서 행해졌다.

프랑스 왕과 그 신하들이 지켜보는 가운데 180명의 근위병들이 서로 손을 잡고 한 곳은 떼어놓고 둥글게 원을 만들게 하였다. 한쪽 끝 병사는 충전된 레이던병의 놋쇠 구에 재빨리 손을 대라는 명령이 내려졌다. 모든 병사들이 차렷 자세를 취하고 두 병사가 명령대로 시행했다. 그 순간 모든 병사들은 심한 쇼크를 받고 전원이 하나 같이 하늘로 펄쩍 뛰었다.

많은 병사들이 한 명령에 그렇게도 빨리 또한 동시에 따른 일은 그때까지 한 번도 없었다.

조금 뒤에 놀레 신부는 또 다른 공개실험을 했다. 이번에는 파리의 카르투(Carthusian) 교단 대수도원에서 행했다. 수도승 전부가 철사를 서로 잡고 길이가 1마일 이상 되는 원을 만들었다. 먼저와 같이 원의 한 군데를 떼어놓았다. 그 한 끝 수도승이 레이던병 바깥 면을 잡았다. 신호와 함께 다른 끝 수도승이 병의 놋쇠 구에 손을 댔다. 그 순간 전원이 쇼크를 받아 한꺼번에 하늘로 뛰어 올랐다.

영국에서는 몇몇 우수한 인사들로 이 새로운 공개 실험을 관찰하고 보고하는 위원회를 만들었다. 1747년 7월 14일 그들은 국회의사당에 가까운 웨스트민스터 다리(Westminster Bridge) 위에 모였다. 다리 끝에서 끝까지 한 줄기의 철사가 쳐졌다. 그 길이는 약 400m에 달하고 양쪽 끝은 모두 강가까지 연장했다.

한쪽 강가에서 충전된 레이던병 바깥 면을 한쪽 손으로 잡고 다른 손으로 잡은 쇠막대를 강물에 담갔다. 레이던병의 놋쇠는 철사에 연결되었다.

강 반대쪽에 있는 다른 한 사람은 쇠막대를 한손으로 잡고 다른 손으로는 철사의 끝을 잡았다. 신호와 동시에 이 사람이 쇠막대를 강물에 담갔다.

그 순간 두 사람은 같이 펄쩍 뛰어 올랐다. 두 사람 다 전기 쇼크를 받은 것이다. 전기는 순간적으로 레이던병의 놋쇠로부터 철사를 따라 다리를 건너서 사람의 몸을 통과하여 쇠막대에서 물에 들어가서 폭이 400m

나 되는 강을 건너 다시 쇠막대, 사람의 몸을 통해서 레이던병으로 되돌아 온 것이다.

전기가 템스(Thames)강처럼 넓은 강을 번갯불과 같이 통과할 수 있다는 발견은 굉장한 것이었다. 정말로 이 정보가 불러일으킨 크나큰 놀라움은 상상할 수도 없는 일이었다.

이 실험에 계속해서 같은 실험이 공개로 행해져서 전기는 길이가 몇 킬로미터나 되는 회로도 순간적으로 흐르는 것이 증명되었다. 이런 종류의 여러 실험은 영국, 그 밖에 유럽의 다른 나라 뿐 아니라 미국에서도 주목을 끌었다. 그 전말은 다음 장에서 말하겠다.

12. 어느 유명한 정치가의 연날리기

앞 장에서 말한 전기실험의 뉴스는 북아메리카식민지 사람들에게도 전해졌다. 1747년 런던에서 필라델피아의 미국 철학회(The American Philosophical Society)에 보내진 한 편지에 전기에 관한 최근의 연구가 몇 가지 소개되었다. 그 편지를 쓴 사람은 선물로 당시 런던에서 행해졌던 전기 실험에서 쓰인 유리막대를 하나 보냈다.

프랭클린의 생각을 달리바르가 실험하다

필라델피아에 사는 40세의 인쇄업자인 벤저민 프랭클린[86]은 이 새로운 화제에 깊은 흥미를 느껴 가능한 여러 가지 실험을 생각해 냈다. 그 몇 가지 실험을 그는 직접 했다. 자기가 해본 실험과 할 수 있는 것으로 시사하는 실험들을 합쳐서 그 전부를 설명한 편지를 런던에 써 보냈다.

그 편지에 그는 또 번개와 전기는 여러 가지 면에서 같다고 생각되는 이유를 들었다.

프랭클린의 전기에 관한 편지는 대단한 평판을 얻어 프랑스어로도 번

---

86 Benjamin Franklin, 1706-1790

역되었다. 어느 유명한 프랑스 과학자는 그 사본을 입수했으나 번역이 너무 나빠서 달리바르(Thomas Francis Dalibard)라는 동료 과학자에게 다시 번역해 달라고 부탁했다. 그래서 달리바르가 번역을 맡았는데 그 자신이 편지의 내용에 매우 흥미를 느껴 프랭클린이 편지에 쓰기는 했지만 실행하지 않았던 실험 중에서 하나를 실험해 보기로 했다. 그것은 번개가 전기와 같다는 것을 실증하기 위해 구름에서 번개를 끌어내어 지상으로 가져오는 실험이었다.

1752년 봄, 달리바르는 콰피에(Coiffier)라는 늙은 병사를 고용했다. 이 사람은 군대를 마치고 목수로 일하고 있었다. 콰피에는 필요한 장치를 만들라는 명을 받고 파리에서 25km 가량 떨어진 마를리(Marly)라는 마을에 있는 어느 오두막집에서 그것을 조립했다.

그는 〈전기의자〉를 만들었는데 포도주병을 3개 세우고 그 위에 나무판자를 올려놓은 것이었다(유리는 전기를 전하지 못하기 때문에 병은 절연의 역할을 했다). 길이가 40피트, 지름 1인치 정도의 쇠막대를 구해서 이것을 의자에 매어 그 한 끝을 공중 높이 세웠다.

달리바르는 지혜와 용기를 겸한 콰피에에게 최초의 뇌우가 가까워지면 곧 오두막집에 달려가도록 말해두었다. 그는 또한 콰피에에게 놋쇠 철사의 한 끝을 유리병[87] 속에 끼우고 손으로 잡아도 감전되지 않게 만든 것을 주면서 이 철사를 쇠막대 곁에서 들고 있으라고 일렀다.

---

87 이것이 전기를 절연시킨다.

1752년 5월 10일 오후 2시에서 3시 사이에 콰피에는 우당탕하는 뇌성을 듣고 오두막집으로 달려갔다. 그는 놋쇠 철사를 들고 쇠막대 가까이 가져갔다. 곧 꽝하는 소리가 나고 밝은 불꽃이 막대에서 철사로 튀었다. 다음 두 번째 불꽃이 일어났다. 이것은 처음 것보다 더욱 밝고 소리도 컸다. 그전에 달리바르는 무슨 소리가 나면 승려를 데려다 관찰한 것을 기록해 두라고 일러 놓았다. 그래서 콰피에는 승려를 불렀다. 승려는 전갈을 받고서 곧 오두막집으로 달려왔다.

교구(教區) 사람들은 오두막집에서 꽝하는 소리가 났을 때 승려가 흥분해서 바삐 달려가는 것을 보고 콰피에가 벼락을 맞았을 것이라고 수군댔다. 이 소문은 온 마을에 퍼지고 번개 뒤에 우박이 내리는 데도 온 동네 사람들은 승려가 콰피에의 최후의 의식을 집행하는 것을 보려고 뒤쫓아 달려갔다.

그러나 오두막집 안을 들여다보니 승려는 죽어가는 사람 옆에서 기도는커녕 손으로 철사를 잡고 그 한 끝을 쇠막대에 가까이 가져가고 있었다. 곧 1인치 반 정도의 푸른 불꽃이 철사와 막대 사이에서 튀고, 동시에 강한 황 냄새가 났다. 뒤이어 또 한 번 불꽃이 튀어 이번에는 승려의 팔을 쳐서 심한 아픔을 느끼게 했다. 그의 팔이 철사보다 쇠막대 쪽에 더 가까이 있었기 때문이다. 그의 팔을 걷어 보았더니 맨살을 철사로 때렸을 때와 같은 흉터가 나 있었다.

승려 곁으로 몰려간 사람들은 그의 몸에서 강한 황 냄새가 났다고 말했다. 이 실험 이야기는 급속히 퍼져서 며칠 뒤에는 국왕의 부탁으로 같은 실험을 파리에서 행하게 되었다. 국왕은 불꽃을 보고 크게 만족했다.

프랭클린은 연으로 실험하다

이 공개 실험이 커다란 흥분을 불러일으킨 사실은 꿈에도 모르고[88] 프랭클린은 동일한 실험을 하기로 작정했다.

큰 건물 꼭대기에 긴 막대를 세웠는데 긴 막대가 세워지는 동안 다른 어떤 건물보다 하늘 높이 올릴 수 있는 연을 착안했다. 그는 곧 연을 만들었는데 이 연은 과학사에서 가장 유명한 연이 되었다.[89]

그는 가늘고 긴 나무막대 두 개를 십자형으로 만들고 큰 손수건의 네 귀퉁이를 묶었다. 세로로 된 나무에 긴 철사를 잡아매고 연 꼭대기에서 약 1피트 위로 나오게 했다. 연을 띄우는 데 긴 삼(森)끈을 쓰기로 했는데 〈구름〉으로부터 전기가 이 젖은 끈을 통해서 손에 닿으면 연을 띄우는 사람이 심한 쇼크를 받게 되리라고 추리했다.

그래서 그는 손으로 잡은 삼끈 끝에 명주리본을 매달고 줄과 명주리본의 매듭에다 쇠로 된 큰 열쇠를 매달았다. 부도체인 명주리본을 손으로 잡고 명주리본이 비에 젖지 않도록 처마 밑에서 연을 올리면 쇼크를 받지 않게 된다고 생각했다. 손가락을 열쇠 가까이 가져가면 줄에 전기가 흘러내려 왔는지 관찰할 수 있게 했다. 만일 손가락 마디와 열쇠 사이에 불꽃이 튀고 쇼크를 느끼면 전기가 줄을 타고 내려온 것은 확실하다.

---

88 1752년경에는 뉴스가 빠르지 못했기 때문에

89 프랭클린, 『전기에 관한 실험과 관찰』; Franklin, *Experiments and Observations on Electricity Made at Philadelphia in America*, 1774-1779

연을 올리는 프랭클린과 그의 아들

프리스틀리[90]는 영국의 화학자로 산소와 그 밖의 많은 발견을 했고 전기실험도 행하여 이에 관한 저서도 있다.[91] 그의 저서를 보면 프랭클린은 「최초의 뇌우가 접근한 기회를 포착해서 실험에 적합한 들판의 오두막집으로 갔다. 그러나 실험이 성공하지 못했을 때 세상 사람들로부터 비웃음이 따르기 마련이므로 이것이 두려워 자기가 계획한 실험에 대해서 아들 외에는 아무에게도 알리지 않았다. 아들도 같이 가서 연 올리는 것을 도왔다」고 되어 있다.

1752년 6월 어느 날 둘은 명주리본과 열쇠가 젖지 않게 오두막 문가

90 Joseph Priestley, 1733-1804
91 『과학자의 뒷얘기 I ─ 화학』, 14장 참조

에서 비를 피하면서 연을 올렸다. 프리스틀리는 다음과 같이 기술하고 있다.

연은 올라갔으나 대전한 징조가 나타나기까지에는 상당한 시간이 걸렸다. 퍽 기다렸던 구름이 하나 머리 위를 지나갔으나 효과는 없었다. 그가 실험을 단념하고 돌아설 즈음 간신히 축축한 삼끈에 전류가 흘러내리는 징조가 나타났다. 그는 곧 손가락 마디를 열쇠에 댔는데―그 순간 그가 얼마나 기뻐했을까는 독자의 상상에 맡긴다―전류가 흐른 것을 확실히 보았다. 분명한 전기불꽃을 볼 수 있었다. [92]

프랭클린 자신도 뒤에 가서 다음과 같이 적고 있다. 「전기의 불은 열쇠에서 가까이 댄 손가락 마디에 듬뿍 흘렀다」

그림은 프랭클린과 그의 아들(당시 23세로 흔히 말하는 것같이 어린 소년은 아니었다)이 실험하는 광경이며 프랭클린이 손가락 마디를 열쇠에 가까이 가져가 불꽃을 일으키는 장면을 나타낸 것이다. 그는 그 후 레이던병의 쇠구를 열쇠에 대어 충전시켰다. 이렇게 충전된 병은 보통 방법으로 충전시켰을 때와 다르지 않았다. 이렇게 그는 전기와 번개가 같다는 것을 밝혔다.

---

92 『전기의 역사와 현상』; History and Present State of Electricity, 1767

피뢰침의 발명과 리히만의 죽음

프랭클린은 현실적인 사람이었으므로 번개를 구름으로부터 지상으로 끌어내릴 수 있다는 자기의 발견을 다음과 같이 응용하기로 했다. 그 자신의 말에 의하면

신은 인류에 대한 자비심에서 사람들의 집이나 다른 건물들을 벼락의 재해에서 구하는 방법을 주셨다. 그 방법이란 다음과 같다. 가는 쇠막대를 준비하는데 그 한 끝을 축축한 땅 속으로 3, 4피트 깊이로 묻고 다른 끝은 건물 꼭대기보다 6~8피트나 위로 솟게 장치한다. 이 막대의 위쪽에는 흔히 쓰는 바늘 굵기의 약 1피트 되는 놋쇠철사를 단다. 이 장치를 한 집은 벼락의 피해를 입지 않을 것이다. 벼락은 이 뾰족한 끝에 끌려서 막대를 타고 지면으로 흐르기 때문이다.[93]

프랭클린은 벼락이 쇠막대를 타고 내려올 때 이 막대를 만지거나 가까이 가면 매우 위험한 것을 알고 있었다. 그는 또 자기의 전기연을 올릴 때 젖은 삼끈을 만지거나 가까이 가면 같은 위험이 생기게 되는 것도 알고 있었다. 그러나 이 일은 1753년에 비로소 비극적인 사건으로서 과학자들의 뇌리에 새겨졌다.

---

93 코언편, 『벤저민 프랭클린의 실험』; I. B. Cohen, ed., *Benjamin Franklin's Experiments*, 1941

그해 리히만[94] 교수는 상트페테르부르크(St. Petersburg, 현재의 레닌그라드, Leningrad)에서 실험을 하고 있었고, 구름에서 얻는 전기를 연구하기 위해서 장치를 하나 만들었다. 뇌우가 가까이 왔기 때문에 그는 자기의 장치를 점검하기 위해서 그 장치로부터 약 1피트 떨어진 곳에 머리를 두고 있었다. 조수는 당시의 일을 이렇게 기술하고 있다.

갑자기 주먹만 한 크기의 푸른 불덩어리가 장치로부터 교수의 머리로 떨어졌다. 불꽃과 함께 피스톨을 쐈을 때와 같은 폭음이 나고 실험장치가 산산조각이 났다. 문짝이 문설주로부터 떨어져 나가 교수는 즉사하고 그의 왼발에는 푸른 상처가 남아 있었다.

이것으로 미루어 보아, 불러온 의사의 말을 빌리면 「벼락의 전기 힘은 교수의 머리로 들어가서 왼발로 나갔다」고 하겠다.

지금까지 말한 실험은 모두 매우 위험한 것이므로 절대로 되풀이해서는 안 된다. 콰피에와 승려, 프랭클린은 참으로 운 좋게 피해를 면했던 것이다.

---

94 Georg Wilhelm Richmann, 1711-1753

피뢰침이 실용화되다

1753년 이후 많은 피뢰침(당시는 프랭클린의 막대라고 불렸다)이 미국에 세워졌으며 이것은 곧 영국에도 보급되었다. 실례로 이디스톤 등대는 벼락의 피해를 막기 위해서 1760년에 막대가 장치되었고 여기저기서 피뢰침의 사용에 관해 프랭클린의 조언을 청하게 되었다.

1769년 그는 건물이 벼락의 피해를 면하는 방법에 관해서 런던의 성폴(St. Paul) 대사원의 원정에 조언하는 위원회의 지도적인 위원이 되었다. 1772년 이탈리아에서 어떤 화약고가 벼락에 맞아 파괴된 다음 그는 바프리드에 있는 영국의 화약고의 보호에 관해 조언하는 위원회의 위원으로 임명되었다.

일부 위원들은 끝을 둥글게 하든가 편편하게 한 피뢰침을 사용하도록 권고했다. 그러나 프랭클린은 뾰족한 것을 쓸 것을 주장하고 미국에서의 경험으로 볼 때 보다 효과적이라는 사실을 강조했다. 프랭클린의 조언이 채택되어 뾰족한 피뢰침이 장치되었다.

그 후 얼마 안 돼서 그 화약고에 낙뢰가 있었지만 폭발하지 않았고 피해는 극히 적었다.

정치가로서의 프랭클린

지금까지 과학자로서의 프랭클린을 다루어 왔다. 다음에는 주로 정치가로서의 그의 업적을 살펴보기로 하겠다.

18세기 중엽 북아메리카의 동해안에는 250만 명이나 살고 있었는데 대부분은 1세기나 그 이전에 유럽을 떠나온 초기의 이주민의 자손이었다. 이 초기의 이주민들이 고국을 떠나 새 대륙에 오게 된 이유들은 구구했다. 신앙을 위해 온 사람도 있었고, 보다 더 자유로운 생활을 위해서 온 사람도 있었다. 그들은 각기 다른 13개 지역에 살고 있었다.

어느 지역도 자치가 크게 보장되어 있었으나 모두 공통된 점이 있었다. 즉 모두가 영국의 식민지였고 따라서 주민은 영국 국왕의 신하들이었다. 그 사태가 극히 불만스러웠음은 역사적인 사실이 증명하고 있다.

1776년 식민지들은 본국으로부터 독립할 것을 결정했고 아메리카합중국이 탄생했다. 그보다 몇 년 전부터 식민지 사람들과 그 지역에 주둔하고 있던 영국 군대 사이에는 작은 분쟁이 곳곳에서 일어났으나 1776년 독립선언이 있은 다음부터는 전쟁준비가 활발히 시작되었다. 얼마 후 격렬한 전투가 벌어졌고 1783년 영국이 식민지의 독립을 승인하지 않을 수 없게 될 때까지 계속되었다.

벤저민 프랭클린은 이 시기에 적극적으로 활약했다. 그는 유명한 1776년 7월 4일의 독립선언에 서명한 5명의 정치가의 한 사람이기도 했다. 이 선언은

이 연합한 식민지들은 자유롭고 독립된 주이며 당연히 그래야 한다. 그것은 영국 국왕에 대한 충성에서 해방된다는 것이며 영국과의 사이에 모든 정치적 유대는 해소되고 마땅히 해소되어야만 한다.

는 것을 결의했다. 이렇게 해서 아메리카합중국이 탄생하기에 이르렀다.

영국 국왕, 프랭클린을 미워하다

국민감정은 지금도 그렇지만 당시에는 전쟁으로 심각한 영향을 받았다. 아메리카의 반역자, 특히 그 지도자인 프랭클린에 관계된 것은 무엇이든지 많은 영국 사람들에게 혐오의 대상이 되었다. 뾰족한 피뢰침을 쓰는지 뭉툭한 것을 사용하는지에 대한 논쟁이 또 다른 양상을 띠게 했다. 프랭클린이 뾰족한 것을 권했기 때문에 뾰족한 것을 지지하는 사람들은 비국민이란 낙인이 찍힐 위험에 빠졌다.

조지 3세(George Ⅲ, 1760~1820)가 앞장서서 뾰족한 피뢰침은 반역자가 권했으므로 정부의 화약고나 자신의 궁전에서 떼어 버리고 뭉툭한 것으로 바꾸도록 명령했다.

이것이 왕실이나 또 일반 사람들의 생각이었으나 지도적인 과학자들은 정치가 그들에게 영향력을 미치는 것을 용납하지 않았다. 왕은 피뢰침을 갈아 치우는 것으로 만족하지 않고 왕립학회 회장(당시의 지도적인 과학자)에게 뭉툭한 것이 뾰족한 것보다 안전하다는 것을 선언하게 하려 했다는 것이다. 그러나 회장인 존 프링글[95]은 이것을 거절하고 왕에게 이렇게 말했다.

---

95 John pringle, 1707-1782

의무로나 개인적인 호의로 보나 신은 언제나 힘닿는 데까지 폐하가 원하시는 대로 하고 싶은 마음 태산 같사오나 자연의 법칙과 운행에 거역할 수는 없습니다.

이리하여 과학사에서 몇 번이나 보아 왔던 일이 이때도 일어났던 것이다. 진정한 과학자들에게는 비록 국왕이라도 과학적으로 틀렸다고 믿고 있는 것을 긍정시킬 수는 없었다.

그때 프랭클린은 반역한 식민지의 대표로서 프랑스에 있었는데 「왕은 뾰족한 피뢰침을 뭉툭한 것으로 바꾼 것은 나에게는 대수로운 문제가 아니다」라고 평했다. 그는 또 「왕이 어떤 피뢰침이라도 쓰는 것을 거부했으면 좋겠다고 생각한다. 그 이유는 왕 같은 인간은 벼락에 맞아 죽는 편이 좋기 때문이다」라고 덧붙였다. 「왕은 자기 자신이나 그의 가족이 하늘의 벼락을 맞지 않을 것이라고 안심하기 때문에 감히 자기의 벼락으로 자기의 죄 없는 신하들을 멸망시키고 있다」고 했다.

국왕의 행동과 이에 대한 프랭클린의 반발을 듣고 어느 시인은 다음과 같은 시를 썼다.

조지 대왕은 자식을 좇아
뾰족한 피뢰침을 뭉툭한 것과 바꿨는데
그 사이에 나라는 흔들흔들.
프랭클린은 더욱 잘해서

뾰족한 것을 더 가지고 있으므로

왕의 벼락은 아무 쓸모없네.

평화가 아직 선포되기에 앞서 프랑스에서는 이미 프랭클린의 대리석 흉상이 조각되어 다음과 같은 유명한 구절이 라틴어로 새겨졌다.

그는 하늘에서는 벼락을, 폭군들에게서는 왕홀(王笏)을 빼앗았다.

(Eripuit coele fulmen sceptrumque tyrannis)

어느 유명한 저자는 프랭클린의 생애를 개관하고서 이 장에서 이야기한 두 가지 사건을 골라내어 다음과 같은 평을 했다.

프랭클린이 전기연의 열쇠를 만졌을 때 느낀 기쁜 감정은 그의 손으로 오랫동안 저지당해 오던 조국의 독립에 서명했을 때의 느꼈던 기쁨과 같았을지는 모르나, 결코 못하지는 않았을 것이다.

13. 개구리 수프와 전지

과학사에서 가장 유명한 개구리는 식용 개구리류에 속한다. 프랑스나 남유럽에서는 옛날부터 개구리의 뒷다리를 대단히 맛있는 것으로 여겨 왔다. 고기 맛은 병아리나 어린 토끼의 연한 부분의 맛과 같아서 프라이 해서 먹는 경우가 많다.

이 이야기가 나온 시절에는 개구리의 뒷다리로 만든 수프가 「체력을 붙여주고」 또는 「원기를 돋우는 데」 효용이 있다고 생각되어 의사가 허약 한 병자에게 먹도록 지시하기도 했다. 이 식용 개구리는 영국에 있는 먹 지 못하는 개구리와는 다른 것이다.

갈바니 부인의 관찰

1786년경 이탈리아 볼로냐(Bologna) 대학의 갈바니 교수의 부인이 병 중이었는데 의사는 빨리 회복하게 하기 위해 개구리 다리를 삶아서 만든 수프를 항상 먹도록 지시했다.[96] 교수는 당시의 다른 과학자들처럼 자기 집 방에서 실험을 하고 많은 학생들은 그곳에 가서 지도를 받았다. 부인

---

96 *Gentlemen's Magazine*, 1799. 5.

은 흔히 방 한구석에 앉아서 남편이 일하는 모습을 지켜보곤 하였다.

전해오는 이야기로는 어느 날 갈바니 부인은 이 방에 앉아서 수프를 만들기 위해 몇 마리의 개구리 껍질을 벗기고 있었다. 그녀는 개구리의 껍질을 벗겨서 기전기 옆 테이블 위에 있는 금속 접시에 놓았다.

껍질을 전부 벗기고 칼을 접시 위에 얹고 나서 실험을 하기 위해 갈바니를 기다리고 있던 몇 명의 학생들과 이야기를 시작했다. 전해오는 이야기에 의하면 갈바니 부인은 테이블 가까이 앉아서 〈맛있는 개구리〉를 내려다보면서 그 맛과 그것을 먹으면 몸에 좋다는 생각을 하고 있었다고 한다.

학생은 기전기를 돌려서 전기불꽃을 만들면서 장난치고 있었다. 부인은 갑자기 개구리 다리가 접시에서 살아 있는 것같이 꿈틀꿈틀하는 것을 보았다. 매우 놀란 그녀는 잠시 그것을 보고만 있었다. 결국 그녀는 금속 접시에 놓인 칼과 닿고 있는 다리만 꿈틀거리는 것을 발견할 수 있었다. 그녀는 또 기전기가 전기불꽃을 일으키고 있을 때만 다리가 경련을 일으키는 것도 알아차렸다.

그녀는 남편이 돌아올 때까지 자기가 한 관찰을 비밀로 간직하고 있었다. 남편은 그것을 듣고 기뻐했다. 그는 실험을 되풀이하고 또 여러 가지 방법을 달리해서 실험을 한 결과 매우 중요한 발견을 했다. 이것이 갈바니가 실험을 하게 된 동기에 관한 이야기이다.

갈바니 자신의 설명은 약간 다르지만 그래도 이 이야기는 그럴 듯한 점이 몇 군데 있다.

그의 아내 루치아(Lucia)는 평생 과학자들 사이에서 살면서 과학을 그

나름대로 통달하고 있었다. 그녀는 총명한 여성으로서 유명한 교수의 딸이었고 결혼한 뒤에는 남편과 함께 아버지 집에서 살았으며 그곳에는 많은 과학자들이 찾아왔다.

만일 그녀가 이 이야기와 같이 개구리 다리가 경련하는 것 즉, 꿈틀꿈틀 움직이는 것을 목격했다면 이 이상한 사건의 중요한 의미를 인식하고 될 수 있는 대로 빨리 남편에게 이야기해서 힌트를 주었을 것은 의심할 여지가 없다.

또 그녀가 1786년경 병든 몸이었다는 증거도 있고 갈바니가 그 실험의 해설을 출판하기도 전에 이미 사망했다는 것이 알려져 있다.[97]

갈바니의 해설에 의하면 그는 개구리를 해부했을 때 뒷다리를 좌골신경의 척추에 붙어 있는 채로 남겨놓고 테이블 위에 올려놓았다. 마침 그때 기전기를 사용하고 있었다.

조수가 아무 생각 없이 신경에 해부칼을 덧대니 근육이 「마치 심한 경련을 일으킨 것같이」 계속해서 오그라드는 것을 보았다. 그것은 기전기에서 전기불꽃이 나올 때만 일어나는 것같이 보였으며, 갈바니의 관심은 이 기묘한 일에 쏠렸다. 갈바니는 다음과 같이 말했다.

곧 이 사실을 연구하고 싶은 열의와 충동에 사로잡혔다. 개구리의 신경

---

97 《근육운동에 있어서의 생물전기에 관하여》; *De viribus electricitatis in motu musculari commentarius, 1791*

여러 곳을 건드려 보는 한편 조수로 하여금 기전기에서 전기불꽃을 일으키게 했다. 결과는 항상 똑같았다. 하나의 예외도 없이 전기불꽃이 기전기에서 일어나는 순간 심한 수축이 발의 근육에서 일어났다. 그것은 해부된 생물이 마치 파상풍에 걸린 것 같았다.

갈바니는 전부터 개구리의 근육운동을 연구하고 있었고 1772년에는 이 문제에 대해서 한 논문을 발표했다. 그러나 다른 사람들도 1786년 이전에 동물의 근육에 레이던병이나 기전기를 접촉시키면 붙든가 경련을 일으키는 것을 알고 있었다. 그러므로 그의 해설을 그대로 받아들여도 좋을 것이다. 왜냐하면 그가 개구리의 다리와 기전기를 필요로 하는 실험을 준비해 온 것은 생각할 수 있는 일이기 때문이다.

그러나 이 두 이야기가 모두 우연한 관찰에서 기전기가 불꽃을 일으킬 때 근육이 경련한 것에 주의를 했다는 점에 일치하고 있다. 한 이야기는 부인이 했다고 하고 다른 이야기는 조수가 했다고 한다.

난간에 매단 개구리 다리

이 우연한 관찰의 결과로 갈바니는 개구리 다리를 써서 일련의 실험을 했다. 그중에서 가장 많이 이야기가 나오는 것은 자기 집 발코니의 쇠 난간에 개구리를 매달고 한 실험이다.

이 실험의 해설들은 모두 일치해서, 그가 벼락, 즉 대기의 전기가 근육에 미치는 효과를 연구하고자 했다고 한다. 한 설에 의하면 어느 갠 날 바람이 흔들려서 난간을 스칠 때마다 꿈틀하고 경련을 일으키는 것을 보고 매우 놀랐다는 것이다. 그 이유는 그때까지 대기의 전기로 경련이 일어난 일이 없었기 때문이다. 이 우연한 관찰에서 그는 또 하나의 다른 실험을 시작했다.

그러나 갈바니 자신은 이와는 다른 설명을 하고 있다. 그가 쓴 바에 의하면 개구리를 해부하여 두 다리의 좌골신경의 척추 끝에 남겨둔 채 놋쇠철사를 척추에 꿰었다. 그러므로 놋쇠철사는 분명히 신경에 접촉하고 있었다. 다음 이 다리를 난간에 매달았다.

그러나 갠 날이나 뇌우가 있을 때나 근육이 때때로 오므라들거나 경련을 일으키는 것을 보았다. 날씨가 갠 며칠 동안 계속해서 세밀한 관찰을

개구리의 다리는 경련을 일으켰다

했지만 경련은 매우 드물게 일어났다. 나중에는 「아무런 성과도 없이 기다리기 지루해서」 그는 놋쇠바늘을 쇠 난간에 대고 근육이 경련하는가를 보려고 했다. 그랬더니 근육은 경련을 일으켰다. 이것을 몇 번이고 되풀이했는데 거의 그때마다 경련을 일으켰다. 날씨가 화창했기에 실험과 대기의 전기와는 아무 상관이 없었다.

따라서 그 자신의 설명에 의하면 이 새로운 종류의 경련을 발견한 것은 흔히 전해오는 것처럼 우연에 의한 것이 아니고 지루해서 일부러 해본 데서 얻은 결과이다.

쇠 난간에서 일어난 일을 우연히 관찰하게 됐는지 그렇지 않았는지는 별문제이고 어쨌든 그는 그 뒤 개구리 다리를 갖고 방으로 들어가서 간단한 실험을 했다. 다리를 금속접시 위에 놓고 놋쇠바늘을 접시에 댔다. 댈 때마다 그의 말을 빌리면 「같은 경련을 볼 수 있었다.」

갈바니는 많은 다른 실험을 한 뒤에 왜 근육이 경련을 일으키는가를 설명하려고 했다. 앞에서 말했듯이 그는 동물의 근육을 기전기에 접촉하면 경련하는 것을 알고 있었다. 분명히 전기는 경련을 일으킨다. 그러나 이 새로운 경련은 외부로부터 전기를 대지 않았는데도 일어났다. 그래서 그는 이 경련이 〈안에 있는 동물전기〉에 의해서 일어난 것이 틀림없다고 생각했다. 이 동물전기는 신경을 타고 근육에 흐르는 것이지만 두 개의 다른 금속으로 회로를 만들었을 때만 그렇게 된다고 그는 말했다. 그림에서 이것을 보이고 있는데 갈바니가 구부린 쇳조각을 가지고 다리 위에 있는 척추를 감은 놋쇠의 고리와 개구리의 다리 양쪽에 대고 있다.

동물전기의 이론과 볼타전지

갈바니의 연구와 동물전기가 존재한다는 그의 이론이 과학계에 알려지자 단번에 일반의 흥미를 불러 일으켰다. 그의 실험은 방법을 달리해서 여러 번 되풀이되었는데 특히 뛰어난 연구자는 그와 같은 이탈리아 사람으로 파도바(Padova) 대학 교수인 볼타였다.

볼타는 처음 갈바니의 이론을 받아들였는데, 일련의 실험을 한 끝에 그것을 물리쳤다. 왜냐하면 개구리의 신경과 근육은 전기의 발생과 아무런 관계가 없다는 것, 즉 동물전기는 존재하지 않는다는 것을 증명했기 때문이다. 그 대신 전류는 두 종류의 금속의 접촉으로 생긴다는 것을 증명했다.

그의 증명은 완벽했기 때문에 이것을 토대로 해서 오늘날 볼타의 전지(Pile)라고 불리는 것을 발명할 수 있었다. 이 전지는 다음과 같은 구조를 가진 것이다. 은으로 만든 네모나 원 모양의 판 위에 같은 크기와 모양을 갖는 아연판을 얹는다. 그 위에 미리 소금용액에 담근 플란넬(Flannel)을 얹는다. 다음에 또 한 쌍의 은판(銀板)과 아연판을 얹고 그 위에 다른 플란넬을 올린다. 이것을 되풀이해서 열두 장의 금속판을 포개서 만든다.

볼타가 꼭대기 금속판에 한 손을 얹고 밑쪽의 판을 다른 손으로 만졌을 때 전기쇼크를 받았다. 꼭대기와 밑쪽 판을 철사로 이으니 전기가 계속해서 흘렀다.

전지는 전류를 얻는 화학적인 방법을 제공했다. 그 장점은 하나는 전기의 공급이 계속적이라는 것이었다. 이것을 사용하여 할 수 있는 실험의 종류가 대폭 많아졌다.

예를 들면 이 전지가 발견되고 몇 해 안 돼서 험프리 데이비는 이것을 써서 처음으로 금속 나트륨(Na)을 얻었다. 그 밖에도 전지를 써서 화학적 발견이 연달아 일어났고 동시에 전기 자체에 관한 연구도 많이 진보했다.

볼타의 전지는 19세기에 나타난 모든 1차 전지, 2차 전지의 조상이며 지금도 그 원리는 전자를 만드는 토대가 되고 있다. 이러한 진보들이 실로 기묘한 기원을 갖는 것은 돌이켜 보면 재미있는 일이다. 1786년 갈바니의 집에서 일어난 우연한 관찰이 있었다. 쇠 난간에 얹은 개구리 다리에 관한 또 하나의 우연한 관찰이 있었다. 그리고 또 동물전기라는 잘못된 이론도 이런 진보에 공헌하였다.

불행하게 갈바니가 자신의 노력으로 얻은 기쁨도 오래 가지 않았다. 사랑하는 아내 루치아는 그의 연구의 해설이 출판되기도 전에 죽었다. 그것만이 아니었다. 프랑스 혁명이 정치의 질서를 뒤엎고 또 이탈리아에서도 공화국이 탄생했던 것이다.

전하는 말에 의하면 갈바니는 새 지배자에게 복종하지 않을 것을 약속하지 않았기 때문에 교수의 지위와 이에 따르는 수입도 빼앗겼을 뿐만 아니라 자기 집에서 쫓겨나 다른 집을 구하지 않으면 안 되었다. 그는 형제들 집에 조용히 은퇴해서 살다가 거기서 병들어 1798년에 죽었다.

정부는 과학 분야에서의 갈바니의 위대한 업적을 고려해서 그를 볼로냐 대학 교수로 복직시키기로 결정했다고 한다. 그러나 이미 때는 늦었다.[98]

---

98 *Encyclopaedia Britannica*, 9th, ed.

14. 두 발명가에 관한 대립되는 주장

탄갱의 등

석탄을 캐내는 일은 예나 지금이나 대단히 위험한 일이다. 떨어지는 돌로 사상자가 생길 뿐만 아니라 화학명 메탄(Methane, 화학식은 CH_4) 이라는 갱내 가스가 어느 탄광에도 있기 때문이다. 이 가스는 석탄층의 갈라진 틈새로 바람소리를 내면서 센 압력으로 불어나온다.

갱내 가스와 그 부피의 4~12배 되는 공기가 섞인 것은 불이 붙으면 폭발한다. 가장 폭발하기 쉬운 것은 가스 1과 공기 7~8의 비율로 섞은 것이다. 가스 부피의 12배보다 많은 공기가 섞인 것은 푸르스름한 불꽃을 내며 서서히 탄다. 이런 점에서는 가스 공장에서 만든 가정용 석탄가스와 매우 흡사하다.

광부가 캄캄한 갱내에서 일하려면 불빛이 필요하다. 오랫동안 초가 사용되어 왔지만 초를 가지고 들어갈 수 있는 곳은 갱내의 가스와 공기의 비율이 폭발을 일으키지 않을 범위까지 뿐이었다. 그러므로 탄갱 안에서 그냥 불을 사용하는 것은 언제나 위험한 일이다.

바다에 가까운 탄갱에서는 재미있는 등불을 사용했다. 어느 물고기의 비늘은 캄캄한 곳에서 빛을 내는 이상한 성질을 갖고 있다. 따라서 광부들은 이 비늘을 나무판에 발라서 이것을 갱내에 가지고 들어갔다. 비늘이 내는 약한 빛으로 희미하게나마 주위를 밝힐 수 있었다.

1740년경 화이트 헤이븐(White haven) 탄광의 기사로 스페딩[99]이라는 사람이 불꽃을 만드는 〈부시와 스틸 밀(Flint and Steel Mill)〉이라는 조명기를 발명했다. 이것은 가스와 공기의 혼합비율이 폭발을 일으키지 않는 곳, 다시 말하면 촛불로는 폭발을 일으키나 불꽃 정도면 폭발이 일어나지 않는 곳에서 사용할 수 있었다. 한마디로 말해서 〈스틸밀〉은 우둘투둘한 둘레를 부싯돌에 마찰시키면 불꽃이 일어난다. 최근에는 같은 방법이 담뱃불을 붙이는 라이터에 응용되고 있다.

데이비, 안전등을 발명

1813년 〈탄갱사고 예방협회(Sunderland Society for Preventing Accidents in Coal Mines)〉가 결성되어 잉글랜드의 북부의 많은 유력한 사람들이 회원이 되었다. 회원 중에는 뉴캐슬(New castle)에 가까운 헤워드 교구의 목사, 존 호지슨(John Hodgson)이 있었다. 그는 채탄에 관해 잘 알고 있었고, 협회에 특별한 관심을 갖고 있었다. 특히 근처 탄갱에서 무서운 사고가 일어나 90명 이상이나 죽은 다음부터 더욱 관심을 갖게 되었다.

1815년 호지슨은 잉글랜드 북부를 여행하고 있던 유명한 과학자 데

---

99 Carlisle Spedding, 1695-1755

"촛불을 꺼라. 제발 부탁이니 꺼다오"

이비를 만나 둘이서 탄갱의 안전장치에 관해 토론했다. 그리하여 데이비는 이 문제에 흥미를 갖게 되고 몇 달 뒤에는 안전등(Safety Lamp)을 발명하기에 이르렀다. 뒤에 나오는 그림 중의 하나가 그것이다.

안전등은 불붙은 심지를 가는 철사 그물로 둘러싼 것으로써 그물 사이를 통해서 연소에 필요한 공기가 들어가고 연소에서 생긴 배기도 나올 수 있게 되어 있다. 그러나 불꽃은 그물 사이를 통과할 수 없기 때문에 바깥 갱내의 가스와 공기의 혼합물에는 불이 붙지 않는다.

훨씬 뒤에는 이 그물의 제일 밑 부분을 유리 원통으로 바꾼 것이 만들어졌다. 데이비는 처음 만든 이 안전등을 호지슨에게 보내서 엄격한 시험을 해 줄 것을 부탁했다.

최초의 시험은 탄갱으로부터 갱내 가스를 빼내는 철관 입구에서 행해졌다. 안전등이 밝게 켜졌는데도 폭발은 일어나지 않았다. 호지슨은 다음에는 갱 안의 환기가 잘되는 곳에서 시험을 해보았는데 여전히 안전했다.

이것으로 그는 용기를 얻어 매우 위험한 실험에 착수했다. 그의 전기에는 이렇게 쓰여 있다.

안전등의 안전성에 관한 의욕을 없애기 위해 그는 자신이 직접 들고 갱 안에서 환기가 극히 곤란한 곳(촛불을 켜고 일하는 것이 위험하다고 생각되는)으로 갔다. 거기서 한 광부가 스틸 밀의 빛을 이용해서 석탄을 캐고 있었다.

그 광부는 앞으로 일어날 일에 대해서 전혀 모르고 있었다. 다만 혼자서 큰 위험을 품은 공기 속에 삶과 죽음의 가운데쯤에 있었다. 그때 불빛이 가까이 오고 있는 것을 보았다.

아마도 촛불같이 보였을 것이다. 촛불을 갖고 오면 그도 불을 갖고 오는 사람도 일순간에 없어져 버릴 것을 잘 알고 있었기에 '촛불을 꺼!'라고 소리쳤다.

그러나 불빛은 점점 가까이 다가왔다. 그의 외침은 죽음을 가져오는 그의 동료(그는 호지슨을 동료 광부로 생각했다)에게 외마디 소리를 지르며 저주로 바뀌졌다. 거의 비명에 가까웠다. 그래도 그 사람은 불을 가지고 한마디 대꾸도 없이 다가왔다. 그는 드디어 저주 대신 제발 부탁이라고 애원했다.

드디어 그 앞에 용감하고 사려(思慮) 깊은 그 사람이 서 있는 것을 보았다. 광부는 그를 잘 알고 있고 존경도 하고 있었다. 4년 전 무서운 탄갱 폭발이 있었을 때 동료 광부 91명의 시체를 묻어준 사람이다. 그는 온화한 미소를 지으면서, 과학의 승리이며 또한 앞으로 광부들을 보호해 줄 등불을 들고 있었다.

수개월 후에 호지슨은 데이비에게 다음과 같이 보고했다.

안전등에 관해서 일반 광부들은 매우 재미있고 또 이상한 말들을 하고 있습니다. 그들은 또 마술과 같은 이 안전등을 이상하게 생각하고 무슨 초자연적인 것으로 보는가 하면 반대로 보통의 인과법칙(因果法則)에 따른 것이라고 보기도 하여 의견이 갈라져 있는 것 같습니다.

데이비는 이 안전등에 관한 논문을 1815년 11월 9일 왕립 학회에서 발표하고 그 모델 하나를 회원들에게 제시했다.

스티븐슨도 안전등을 만들다

이보다 몇 해 앞서 조지 스티븐슨[100]이라는 가난한 기계공이 갱내 가스에 관한 실험을 되풀이하고 있었다. 그는 데이비가 안전등에 관해서 아직 공식적으로 발표하기 전인 1815년 10월 21일 최초의 모델을 시험했다. 11월 4일에는 두 번째 모델을 시험했다. 11월 30일에는 세 번째 모델을 만들어 실험했다. 그가 실험한 상황은 다음과 같이 기술되고 있다.

---

100 George Stephenson, 1781-1848

『그는 무디(Moody)와 우드(Wood)라는 두 사람과 같이 가장 폭발의 위험이 큰 갱도로 들어갔다. 가스는 탄층의 표면에서 '슛, 슛'하는 소리를 내며 내뿜고 있었다. 그들은 가스를 내뿜고 있는 갱도를 판자로 둘러싸서 그 속의 공기가 이 실험을 하는 데 알맞도록 폭발성으로 되게 만들었다.

한 시간 뒤에 스티븐슨이나 우드보다 갱내 가스에 관한 경험이 있는 무디가 판자 안으로 들어갔다. 들어갔다 나온 그는 공기의 냄새로 보아 불을 켠 초를 들고 들어가면 영락없이 폭발할 것이라고 말했다. 그는 스티븐슨에게 만일 가스에 불이 붙으면 그들 자신이나 또 갱도에도 심한 위험이 미칠 것을 경고했다.

그러나 스티븐슨은 자기 램프의 안정성을 믿는다고 우기면서 심지에 불을 붙인 다음 램프를 들고 판자 안으로 대담하게 들어갔다. 다른 두 사람은 겁쟁이기도 했지만 램프의 안정성을 그다지 믿지 않았기 때문에 가스가 뿜어 나오는 소리가 들리는 곳까지 가서는 머뭇거렸다. 둘은 겁을 먹고 램프가 보이지 않는 곳으로 도망쳤다.

스티븐슨은 불을 켠 램프를 들고 그 위험한 곳으로 들어갔다. 그는 램프를 가스가 뿜어 나오는 곳에 바로 갖다 대고 몇 인치밖에 안 되는 곳까지 가까이 들이댔다. 가스 속에서 램프의 불꽃은 처음에는 밝아지더니 차츰 아물아물 하다가 아주 꺼지고 말았다. 그러나 폭발은 일어나지 않았다.』

몇 가지 실험을 통해서 그는 램프를 개량하지 않으면 안 되는 것을 깨닫고 1815년 11월 30일에는 마지막 모델을 제작했다. 그림은 데이비의 안전등과 스티브슨의 안전등을 보여주고 있다. 스티브슨의 안전등은 불꽃을 유리 원통 속에 넣고 그것을 구멍이 뚫린 철판으로 덮고 있었다.

어느 쪽이 먼저일까?

이 두 안전등의 어느 쪽이 더 좋고 또 어느 쪽이 먼저 발명되었는지를 둘러싸고 심한 논쟁이 벌어졌다. 데이비는 실험실에서 화학적인 입장에서 문제를 다루고 가스와 공기를 여러 비율로 혼합해서 그 폭발성을 연구한 것 같다. 그는 또 가스의 갱내 불꽃이 쇠 그물 사이를 통과하지 않는 것을 발견했다.

스티브슨은 보다 기계적인 관점에서 문제를 다루고 탄갱 안에서 여러 가지 램프를 시험했다. 폭발이 구멍을 통과하지 않는 것을 관찰한 것은

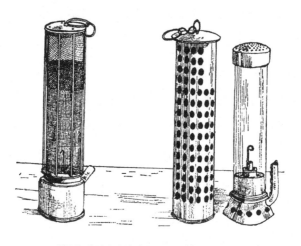

왼쪽은 데이비의 안전등, 오른쪽은 스티브슨의 안전등

스티븐슨이 먼저였다.

데이비는 스티븐슨에 비해 이 발견에 관한 칭찬을 훨씬 많이 받았다. 뭐라고 해도 그는 당시 과학의 천재였고, 가장 뛰어난 강연자, 가장 인기 있는 철학자였다. 그에 반해서 스티븐슨은 그때 탄갱의 기계공에 불과해서 육체노동자와 다를 것이 없었다. 이 점에 관해서 어느 비평가는 다음과 같이 말했다.[101]

훗날 이처럼 탁월한 과학적 지식이 없이는 불가능한 발명이 스티븐슨이라는 기계공—초보적인 화학지식도 갖지 않은—의 업적이라는 주장은 아무도 믿지 않을 것이다.

이 평을 한 사람은 크게 잘못 생각했다. 왜냐하면 스티븐슨에게는 빛나는 장래가 기다리고 있었기 때문이다. 세계에서 제일 유명한 철도기술자가 된 사람이 바로 이 스티븐슨이었던 것이다. 데이비는 자기가 먼저라고 다음과 같이 주장했다.

내가 안전등의 원리를 발표하고 6개월이 지나도록 나는 조지 스티븐슨과 그의 램프에 관해서 한마디도 듣지 못했다. 런던의 과학자들의 일반적인 인상(그것은 내가 뉴캐슬에서 들은 것으로 뒷받침된다)은 스티븐슨이 막연한

---

101 패리스, 《험프리 데이비경의 생애》; J. Paris, *The Life of Sir Humphry Davy, bart., LL. D.,* 1831

착상이 떠올라 이것을 실용화하려고 노력했지만 나의 결과가 알려지기까지 성공하지 못했다는 것이다.

그는 「스티븐슨의 유리폭발 기계」와 「빛과 열은 통과시키나 불꽃은 통과하지 않는 자기의 금속망」 사이에는 아무런 유사성도 없다고 덧붙였다.

영국의 지도적인 화학자와 물리학자들은 왕립학회 회장과 더불어 1817년에 이를 조사하고 험프리 데이비가 「다른 사람과는 관계없이」 안전등을 발명했다는 결론을 내렸다.

그리하여 탄광주들은 회합을 갖고 돈을 거두어서 2,000파운드를 험프리 데이비에게 주고 또 「같은 방면에서 노력한 것을 고려하여 조지 스티븐슨에게는 100기니(Guinea, 1기니는 21실링, 즉 현재의 1.05파운드)의 상금」을 주었다. 그러나 스티븐슨의 동료들은 회합을 갖고 다음과 같은 결의를 했다.

이 회합에서의 의견은 다음과 같다. 즉 조지 스티븐슨이 수소가스에 의해서 일어나는 폭발이 작은 관이나 구멍을 통과하지 않는다는 사실을 발견하고 최초로 그 원리를 응용해서 안전등을 만들었으므로 그는 당연히 공적인 보상을 받아야 한다.

광부들은 1,000파운드를 모아 스티븐슨에게 은시계를 사서 선사했다. 이 선물은 그를 대단히 기쁘게 했다.

이 논쟁은 다행히 그 유명한 아버지의 자랑스러운 아들 로버트 스티븐슨(1803~1859)에 의해 매듭지어졌다. 약 40년이 지나서 의견을 물어왔을 때 그는 이렇게 대답했다.

나는 공평한 의견을 낼 입장이 아니다. 그러나 당신이 솔직하게 물어주니 나도 솔직히 대답하겠다.

만일 조지 스티븐슨이 이 세상에 태어나지 않았더라도 험프리 데이비 경은 안전등을 발명할 수 있었을 것이다. 또 반대로 험프리 데이비 경이 없었더라도 조지 스티븐슨은 틀림없이 안전등을 발명했을 것이다.

나는 조지 스티븐슨이 험프리 데이비 경이 한 모든 것과 전혀 관계없이 그것을 발명했을 것이라고 믿는다.

15. X선의 우연한 발견

진공방전의 연구

19세기 후반에 접어들면서 많은 과학자들이 전기를 진공 속에서 방전시켰을 때 발생하는 특이한 현상에 관한 연구를 하게 되었다.

1879년 크룩스(Crookes)관의 발명은 이런 연구에 도움을 주었다. 크룩스관은 긴 원통의 유리관으로서 두 개의 전극을 넣어 봉한 것이다. 한 전극은 유도코일을 거쳐 다른 전극은 같은 경로로 전지의 마이너스 극에 연결된다(음극이라 부른다). 관의 작은 배기구에 진공 펌프를 장치하고 이것을 작동시켜 관 속의 공기를 전부 빼내고 밀봉한다.

여기에 전류를 통하면 관의 벽이 엷은 초록빛으로 희미하게 빛난다. 과학자들은 이것을 형광이라 불렀다. 윌리엄 크룩스[102]나 몇몇 연구자들이 이 현상을 관찰하고 형광을 어떤 선(線)이 음극에서 나와서 관의 안쪽 벽에 충돌하여 발생하는 것으로 생각했다.

수년 후 레나르트[103]는 음극선이 엷은 유리벽으로 가로막히는 데 반해

---

102 William Crookes, 1832-1891

103 Philipp Eduard Anton Lenard, 1862-1947

알루미늄 박(箔)은 통과한다는 사실을 발견했다. 이 점에 착인하여 그는 유리벽 일부에 알루미늄 창을 장치한 개량된 크룩스관을 고안했다. 레나르트는 음극선이 알루미늄박을 통과해서 공기 중으로 나가지만 극히 짧은 거리에서만 검출된다는 것을 발견했다. 음극선에 쪼여서 형광을 발하는 물질로는 유리 외에도 몇 가지가 있다. 그중 하나가 백금 시안화바륨 [BaPt(CN)$_6$]이다. 19세기 말쯤 많은 과학자들이 음극선의 실험을 할 때에는 이 물질의 미세한 결정을 바른 종이나 마분지로 만든 스크린을 사용하였다.

뢴트겐, X선을 발견

1895년 말 어느 날 바이에른(Bayern)의 뷔르츠부르크(Würzburg) 대학의 뢴트겐 교수[104]가 개량형 크룩스관을 써서 실험을 하고 있었다. 그는 암막(暗幕)을 쳐서 실험실을 어둡게 하고 크룩스관을 검은 마분지로 싸서 어떤 센 빛이라도 통과할 수 없도록 했다. 유도코일에 스위치를 넣었을 때 실험실 안은 캄캄했다. 무심코 주위를 둘러보았을 때 몇 피트 떨어진 책상 위에 있는 형광 스크린의 하나가 밝게 빛나고 있는 것을 보았다.

그는 이 현상을 주목하고 이상하다고 생각했다. 크룩스관은 검은 종이로 싸여져서 음극선이 새어 나갈리는 없었기 때문이다. 그런데 어떤 선이

---

104 Wilhelm Konrad Röntgen, 1845-1923

뼈의 사진이 찍혔다

관으로부터 스크린 쪽으로 직진해 나가는 것이 포착되었다. 이 사실을 그는 곧 증명했지만 딴 곳에서 투사될 가능성이 없었으며 스크린을 관에 가까이 가져갔더니 스크린이 같은 방향으로 있는 한 계속 빛나고 있었다.

그는 차츰 형광을 발하는 관에서 새로운 종류의 선이 방출된다는 사실을 확신하게 되었다. 그것은 검고 두꺼운 마분지도 뚫을 수 있는 선이었다. 이 선은 다른 물질도 통과할 수 있으리라는 가정 아래 그는 관과 스크린 사이에 판자를 놓았고 또다시 헝겊으로 가렸으나 스크린은 여전히 빛났다. 그러나 금속판을 놓았을 때는 스크린 위에 그림자가 나타났다. 이 선은 나무, 섬유 등은 통과하나 금속은 통과하지 못한다는 사실이 밝혀졌다.

여기서 뢴트겐은 매우 적절한, 그러나 간단한 아이디어를 착안했다. 보통 광선은 사진건판에 작용하므로 아마 이 특이한 선도 건판에 감광될 것이라고 생각했다. 이것을 검증하기 위하여 그는 이 선이 통과하는 길에 사진 건판을 놓고 아내를 설득시켜 손을 관과 건판 사이에 넣어 보라고 했다. 코일의 스위치를 넣어본 후 건판을 현상해 보니 뼈가 똑똑히 나타났고 뼈 둘레에 근육의 모습이 희미하게 그려진 것을 볼 수 있었다.

산 사람의 뼈가 사진에 찍힌 것은 이것이 처음이었다. 여성으로서 자기 뼈의 사진을 보는 것은 당사자로서도 매우 충격적인 경험이었을 것이다.[105]

또 하나의 전설

이 놀라운 발견에 관한 다른 이야기가 있다. 그것은 뢴트겐이 쇠로 만든 열쇠를 책갈피 대신 쓰고 있었다는 것이다. 어느 날 책을 읽고 나서 열쇠를 책에 끼워 실험실 의자 위에 있는 나무틀로 된 사진건판 위에 얹어 놓았다.

그 뒤 크룩스관으로 실험을 하고 형광을 내는 관을 책 위에 놓은 채 밖으로 나갔다. 며칠 뒤에 그는 이 사진건판으로 야외 풍경을 찍었는데 그것을 현상해보니 놀랍게도 음화(陰畫)에 열쇠의 형태가 나타나 있었던 것이다. 이것을 보고 그는 크룩스관이 특이하고 새로운 선을 방출한다고 믿게 되었다는 것이다.

이 부자연스런 이야기의 진위를 증명하려 할 필요는 없다. 현재 이 설을 믿는 사람은 드물기 때문이다.

---

105 뢴트겐, 「새로운 종류의 선에 관하여」; *"Uber eine neue Art von Strahlen"*, 1895

X선의 발견을 놓친 사람

뢴트겐은 이 선을 X선 X-rays이라 이름 지었다. 그 이유는 그가 이 선에 관해 아무 지식도 없었으며 또 수학에서 미지의 수를 나타내는 데 X라는 문자를 사용했기 때문이다.

뒤에 〈뢴트겐 선(Röntgen rays)〉이란 용어를 쓰자는 움직임이 있었으며 이 편이 보다 적절하고(왜냐하면 현재는 미지가 기지로 바뀌었으니까) 또한 발견자에 대한 예우가 될 것이기 때문이었다. 그러나 〈뢴트겐 선〉이라는 용어는 적어도 영국에서는 여간해서 사용되지 않았다. 한 과학 잡지의 편집인이 쓴 글을 보면 발견자에게는 미안한 일이긴 하나 뢴트겐이라는 발음은 영국인에게 어감이 좋지 못했다는 것이다.

우연한 발견이란 늘 그렇지만 다시 생각해 보면 뢴트겐 이전에 아무도 이 현상을 관찰하지 않았다는 것은 거의 믿을 수 없는 사실로 여겨진다. 특히 섬세한 관찰을 하는 많은 과학자들이 1895년까지 15년 이상 크룩스관을 사용하여 실험하고 있었기 때문이다.

뢴트겐이 자기 발견에 관해 상세히 공표하고 나서 윌리엄 크룩스는 자기도 조금 더 나아갔다면 X선을 발견할 수 있었으리라는 것을 알게 되었다. 또 한 사람의 우수한 물리학자 레일리 경[106]은 이렇게 썼다.

크룩스는 X선의 발견을 놓친 것을 매우 애석하게 생각했다. 그의 설명

---

106 Lord Rayleigh, 1842-1919

을 들으면 전에 아무런 이유 없이 실험실에서 아직 열지 않은 상자의 건판이 못쓰게 되어 있는 것을 확실히 보았다는 것이다. 그러나 그는 일이 순조롭게 풀리지 않을 때 이 이유를 다른 사람의 허물에서 찾고 싶어 하는 평범한 사람의 본능(또는 잠재적 충동)에 따라 그 제작자에게 항의를 했다는 것이다. 그것을 만든 사람도 물론 납득 가는 설명을 할 수 없었다. 그가 이 사고를 고도로 공기를 뺀 진공관을 가까이서 사용했다는 것과 결부시켜 생각한 것은 뢴트겐의 발견이 있은 직후였으리라고 나는 본다.

X선 발견의 파문

뢴트겐은 그의 발견을 1895년 12월 뷔르츠부르크 물리학·의학협회(Würzburg Physikalische-Medicinische Gesellschaft)에 써서 보내고 곧 상세한 내용을 신문에 게재했다. 이 발견은 다른 나라에서도 대단한 물의를 일으켰다. 이듬해 1월 초에 어느 유명한 영국의 물리학 교수가 지식층을 대상으로 하는 잡지에 그 발견에 관한 글을 투고했다. 그는 우선 놀랄만한 과학적 발견이 최근 바이에른의 뷔르츠부르크 대학 뢴트겐 교수에 의해 이루어 졌다고 기술했다.

뢴트겐은 나무상자 속에 넣었을 때보다도 더 수월하게 사진으로 찍는 방법을 찾아냈다고 했다. 뢴트겐은 또 사람의 해골을 피부, 근육, 의복(이것들은 그 윤곽이 사진 상으로 투명하게 나타나지만 뼈는 투명하지 않다)을 뚫고 금속의 경우와 같이 사진 찍을 수 있었다고 했다.

그는 계속해서 다음과 같이 쓰고 있다.

이 발견은 과학의 여러 경이(驚異)에 또 하나를 첨가했다. 캄캄한 어둠 속에서 사진이 찍히는 것만도 이해하기 어려운데 나무 벽이나 불투명체를 통해서 사진을 찍는다는 것은 거의 기적에 가깝다. 우리들은 지금 스크루지(Scrooge)가 마리(Mary)의 몸을 통해서 그의 등 뒤 코트에 달려 있는 두 개의 놋쇠 단추를 보았다고 하는 이야기를 쓴 디킨스(Charles Dickens)의 공상을 실현할 수 있는 것이다. 우리는 이제 인체 안에 박힌 탄환의 위치를 사진을 통해 확인할 수 있다. 돌 벽마저도 이 카메라 앞에서는 차단하는 역할을 다할 수 없을 것이다.[107]

레일리 경도 훨씬 후에 이 발견에 대해 쓰고 있다.[108]

뢴트겐의 발견은 어떤 다른 발견보다도 전무후무하게 사람들을 열광시켰다. 대부분의 물리학 실험실은 X 선을 이용한 촬영 장치를 갖추어 여러 모로 사용했다. 예를 들면 발견이 공표된 직후, J. J 톰슨[109] 교수는 캐번디시 연구소(Cavendish Laboratory)에서 행한 강연 도중 참석한 한 부인의 손을 촬영하여 현상한 후 청중에게 소개했다.

---

107 *Saturday Review*, Jan. 11. 1896
108 Lord Reyleigh, *The Life of J . J Thomson*. 1942
109 Joseph John Thomson, 1856-1940

그리하여 일반인들이 뢴트겐이 몸의 뼈 사진을 찍는 일종의 카메라를 발명했다고 생각했거나 일부 신문이 이것을 〈사진술의 일대혁명〉이라고 불렀던 것도 당연하다. 실제로 어느 과학 잡지의 편집인은 다음과 같이 썼다.

뼈나 손가락에 낀 가락지밖에는 보이지 않는 사진을 찍고 싶은 사람은 거의 없다.[110]

일부 사람들은 이 발견으로 인해 길거리의 사진사가 〈체면을 손상시키는〉 누드 사진을 찍을지도 모른다고 경악과 분개를 표시했다. 실제 있었던 일로 런던의 어느 기발한 회사는 「X선을 통과 시키지 않음을 보증하는 내의」라고 자기 회사 상품을 선전했을 뿐 아니라 이 아이디어로 상당한 수익을 올렸다고 한다.

《펀치(Punch)》는 다음과 같은 시를 실었다.

오! 뢴트겐,
그럼 그 뉴스는 사실이었고
터무니없이 꾸며댄 뜬소문이 아니었네 그려.
우리 모두에게 그대의 무자비한,
묘지의 유머에 정신 차리라고 일깨워준 저 뉴스는……

---

110 *The Electrician*, Jan. 10, 1896

우리는 단연코 거절하겠네.

스위프트 박사처럼 살을 모조리 긁어낸 해골이 되는 것은,

여기저기의 이음새와 관절을 드러내면서

당신이 제멋대로 주무르게 내버려둘 순 없네.

다만 우리는 서로 제대로 의상을 갖춘 사진을 보고 싶네.

〈벌거벗긴〉 것보다 더 못된 당신의 인물사진은

우리는 질색이란 말이네.

바람둥이 시골뜨기 댄디도 애인의 해골 사진이야 좋아하겠나.

반한 듯 홀려 그것을 들여다볼라치면 정말 싫어요 하고 딱지를 맞기 일쑤지.

X선의 응용

한편 성실한 학자들은 이 선이 인류에게 막대한 혜택을 가져다 줄 것이라는 사실을 깨닫기 시작했다.

의사들은 곧 외과수술에 X선이 중요한 역할을 맡으리라는 것을 알게 되었다. 뢴트겐의 X선 발견에 관한 논문이 맨 먼저 뷔르츠부르크의 의학협회에서 읽힌 것은 주목할 만한 일이다. 그리하여 외과는 X선과 밀접한 관련을 맺은 최초의 분야였다. 1869년 1월 20일 베를린의 어느 의사는 손가락에 꽂힌 유리 파편을 찾아냈다. 2월 7일 리버풀(Liverpool)의 의사는 X선으로 소년의 머리에 박힌 탄환을 확인했다. 4월에는 맨체스터

(Manchester)의 한 교수가 총 맞은 여자의 두부를 X선을 투과시켜 사진으로 촬영했다.

몇 년 후에 가서 J. J. 톰슨은 외과에서의 X선의 비중을 다음과 논평했다.

뢴트겐 및 X선을 외과에 응용해서 효과적인 진단방법을 외과의사에게 제공한 사람들 이상으로 인류의 고통을 구하는 데 공헌한 사람은 드물다.

의사들은 X선을 다른 면에서도 이용한다. 예를 들면 암세포를 죽이거나 무좀과 같은 병을 치료하는 데 사용한다. 공업에서도 X선의 이용가치는 크다. 특히 야금(冶金)에서는 X선을 써서 주조한 철의 조직에 들어 있는 틈이나 균열(龜裂)을 검출할 수 있다.

16. 방사능의 발견

뢴트겐이 관찰로 중요한 발견을 하고 나서 몇 달 지나 또 다른 과학자
가 X선의 발생경로를 고찰한 다음 한 실험을 했다. 이 실험의 뜻밖의 결
과는 방사능의 발견으로 이끌었다.

형광을 연구한 베크렐 일가

앞 장에서도 말한 바와 같이 X선이 나오는 동안에는 음극선이 크룩스
관의 유리벽에 충돌하여 초록색 엷은 빛이 보인다. 그러나 이 빛은 음극선
을 차단하면 소멸한다. 과학적인 용어로는 '형광을 발한다.'라고 한다.

형광은 그다지 드문 일은 아니다. 어떤 물질들에 햇볕을 쪼이면 물질
이 파르스름한 빛을 낸다. 그런데 어두운 곳으로 옮기면 이 형광은 없어
진다.

그러나 다른 어떤 물질들은 햇빛에 노출시키면 형광물질과는 달리 어
두운 곳에서도 짧은 시간동안 빛을 낸다. 이것을 인광물질(燐光物質)이라고
한다. 형광과 인광은 여러모로 비슷하다.

프랑스의 저명한 과학자 에드몽 베크렐[111]과 그의 아들 앙리 베크렐[112]은 19세기 후반에 우라늄이라는 진기한 금속을 함유하고 있는 물질을 전문적으로 연구했다. 아버지는 몇 가지 우라늄염(鹽)의 형광에 관한 논문을 썼다. 그러나 아들 앙리는 때로 이것을 인광이라 불렀다. 이 장에서는 혼란을 막기 위해 두 현상 모두 형광이란 용어를 사용하기로 한다.

우라늄염을 쓴 실험

1896년 1월 앙리 베크렐은 파리에서 처음 열리는 X선 사진 전시를 구경했다. 그가 X선에 특히 흥미를 갖게 된 것은 다른 과학자가 X선이 크룩스관의 형광을 발하는 유리벽에서 생긴다고 말한 적이 있기 때문이다.

여기서 베크렐은 만약 형광을 발하는 유리벽에서 X선이 생기는 것이라면 다른 형광물질도 X선을 낼 수 있으리라 생각했다. 물론 그는 베크렐가 대대로 관심의 초점인 우라늄염을 염두에 두었다. 그래서 자기의 가설을 검증하기 위해 황산칼륨우라늄($K_2SO_4 \cdot UO_2SO_4 \cdot 2H_2O$)이라는 염(鹽)을 써서 실험해 보려고 작정했다. 그가 이 염을 만든 것은 1896년보다 훨씬 이전이었고 아버지의 형광실험에 도움을 주기 위해서였다.

이 실험은 검고 두꺼운 종이로 싼 사진건판이 태양광선에 감광되지 않

111 Edmond Becquerel, 1820-1891
112 Henri Becquerel, 1852-1908

지만 X선에는 감광된다는 사실을 근거로 한 것이다. 그는 건판을 쌀 검은 종이에 우라늄염의 결정을 붙였다. 그 옆에 은화(銀貨)를 한 장 놓고 그 위에도 같은 결정을 놓았다. 다음엔 이 건판을 햇빛이 잘 드는 곳에 두고서 형광을 발하게 했다. 형광을 내는 결정은 X선도 방출하리라는 예상에서였다.

첫째 결정에서 방출된 X선은 건판 위에 뚜렷한 결정의 흔적을 남길 것이고, 둘째 결정에서 방출된 X선은 은화에서 저지당해 건판 위의 은반의 그림자를 만들 것이라고 예상했다.

건판을 현상한 결과는 베크렐의 예상과 합치되었다. 첫째 결정의 흔적이 있었고, 또 은화가 놓인 곳에는 형태가 뚜렷한 그림자가 생겼다. 따라서 형광을 발하는 우라늄은 X선을 방출한다고 추정되었다.

1896년 2월 26일 그는 실험을 반복했다. 지난번과 같이 검은 종이로 싼 사진건판에 우라늄염과 은화를 얹고 집 밖에 내놓았다. 그날은 구름이 끼었으므로 다음 날까지 그대로 두었다. 연 이틀 쪼인 햇빛의 양은 극히 적었다. 그래서 그는 건판에 결정과 은화를 붙인 채 어두운 벽장에 넣어두었다. 맑은 날씨를 기다려 다시 햇볕에 쪼일 심산이었다.

그러나 다음 날도 날이 갤 전망이 없었으므로 그는 건판을 그대로 현상하기로 작정했다. 햇빛의 투사량이 적어서 희미한 상이 인화되리라 개대했으나 예상 밖에도 건판 위 결정의 흔적과 은화의 그림자는 전과 다름없이 분명한 윤곽을 드러냈던 것이다. 앞에서 실험했을 때는 결정을 오랜 시간 햇볕에 쪼였었다.

새로운 방사선을 발견

이 실험결과는 우라늄염의 결정이 희미한 형광밖에 내지 않을 때조차 X선을 방출함을 뜻하는 듯싶었다. 여기서 그는 하나의 착상을 했다. 이 염의 결정은 햇빛에 의한 형광이 아닐지라도 X선을 방출하는 것이 아닐까?

이 가설을 검증하기 위해서는 실험이 필요했다. 그는 전과 같이 결정과 은화를 붙인 사진건판을 준비했다.

이번에는 햇빛을 받지 않고 캄캄한 벽장 속에 며칠 동안 놓아두었다. 건판을 현상한 결과 이번에도 뚜렷한 결정자국과 은화의 그림자가 나타났다. 이 사실은 우라늄염의 결정이 형광을 내고 있지 않았는데도 불구하고 X선을 내고 있다고 입증되는 것이라고 생각했다. 계속 실험하여 이 가설의 방증을 얻었을 뿐만 아니라 우라늄 화합물이나 우라늄 금속 자체도 형광에는 관계없이 X선을 방출한다는 사실을 확신하게 되었다.

뒤이어 놀라운 발견이 이루어졌다. 우라늄과 그 화합물이 방출하는 선은 사진건판에 작용한다는 점에서는 공통되나 결코 X선이 아니라는 사실이 밝혀졌던 것이다. 그 이유는 실험결과들이 지금까지 알려져 있지 않은 새로운 선(線)임을 입증했기 때문이다. 이 선은 발견자의 이름을 따서 베크렐 선이라고 이름 지어졌다.

방사능이 원자의 비밀을 드러내다

베크렐의 성공적인 발견은 올리버 로지[113]가 말했듯이 과학의 새로운 장을 열었다.

1897년 퀴리 부인[114]은 같은 방사선을 방출하는 물질이 또 있는가를 탐색하기 시작했다.

그녀는 이미 알려져 있는 물질을 조사하고 일부 물질이 방사선을 낸다는 것을 규명했으며 이것을 방사성 물질이라 불렀다. 그러나 그녀의 중요한 발견은 우라늄을 함유한 광석 피치블렌드(Pitchblende)는 함유된 우라늄의 양으로 예상되는 것보다 더욱 센 방사선을 방출하고 있다는 사실이다. 이것으로 보아 피치블렌드는 우라늄 외에도 다른 방사성 물질을 포함하고 있으리라 추정했다. 지루한 실험 끝에 그녀는 1톤이 넘는 광석에서 겨우 손톱만한 미지의 원소를 얻었다. 그녀는 그것을 라듐이라 이름 지었다.

베크렐의 발견 이전에는 과학자들은 원자야말로 물질의 가장 작은 단위이고 어떤 방법으로도 이것을 쪼갤 수는 없으리라고 믿었다. 원소가 무엇인가를 방출한다는 베크렐의 발표는 과학자들을 당혹하게 했다. 그들은 이 문제에 대한 해답을 얻고자 연구했다.

이러한 선은 극히 미세한 물질입자를 포함하고 있고 그것은 원자의 원

---

113 Oliver Lodge, 1851-1940
114 Marie Curie, 1867-1934

소에서 갈라져 나온 것이 틀림없었다. 이로써 원자보다도 작은 입자가 존재한다는 것과 방사성 원자가 스스로 갈라져(과학적으로 표현하면 방사성 물질의 붕괴라 하고 이것을 유발하는 성질을 자연방사능이라 한다) 나오는 것이 확인되었다.

원자(우라늄 따위의)가 이와 같이 파괴되어 입자를 방출할 때 막대한 에너지가 방출되는 것이 밝혀졌다.

간단한 예를 들면 1g의 라듐은 1톤의 석탄이 연소할 때 발생하는 열량과 맞먹는 에너지를 보유한다. 그런데 중요한 사실은 계산에 의하면 이 에너지가 전부 방출되는 데는 2000년에서 3000년 남짓 걸린다는 것이다.

어쨌든 아무리 긴 시간이 소요된다 해도 물질이 에너지로 변환하는 것은 명백하다. 이런 물질과의 변화도 몇백 년 전에 확립된 지식체계에 반대되는 것이다. 베크렐의 발견이 던져 준 충격을 헨리 데일[115]은 이렇게 말하고 있다.

1897년에 케임브리지 대학 재학생 〈자연과학 클럽〉 모임이 있어서 그 자리에서 나의 동기생인 스트럿[116]이 우리에게 베크렐의 발견에 대해 설명했다. 참석자의 한 사람(뒤에 유명한 이론물리학자, 천문학자가 되었다)이 의심스러운 얼굴로 이렇게 말한 것이 기억난다. '스트럿 군, 만일 베크렐의

---

115 Henry Dale, 1875-1968
116 R. H. Strutt, 뒤에 레일리 경(3rd Baron Rayleigh) 아버지는 유명한 물리학자이며, 희유가스 원소의 공동발견자

이야기가 사실이라면 그것은 에너지 보존 법칙에 위배되지 않는가?'

이에 응수한 스트럿의 대답은 매우 적절하고 명쾌한 것이었다. '그렇습니다. 내가 다만 말할 수 있는 것은 베크렐이 신뢰할 만한 관찰자라는 것과 따라서 에너지 보존 법칙은 그만큼 사태가 심각해졌다는 것입니다.' 물론 이와 같은 발견을 기점으로 지식의 확대가 이루어지고 의학에 봉사하는 물리학적 수단의 보고의 문이 열리고 있다는 것을 누구도 실감하지는 못했다.

이리하여 베크렐의 발견은 라듐(의학에 큰 이익을 가져다 준)이나 원자의 분열(이것은 원자폭탄을 낳게 했을 뿐만 아니라 평화 목적에도 큰 에너지원을 인간에게 선물한)의 발전으로 이끄는 연구의 길을 열었다.

오류가 진리로 이끌다

이런 중요한 발견이 연원을 따지면 1826년 2월말의 며칠 동안 날씨가 좋지 못했다는 사실에 기인한다.

스트럿 교수가 지적했듯이 베크렐의 연구가 시작된 것은 세 가지 틀린 가정의 결과였다는 것이다.

그 하나는 X선이 형광을 발하는 유리에서 만들어진다는 것이었다. 이것은 오류였다. 다음은 형광을 발하는 유리가 X선을 방출하므로 다른 형광물질도 X선을 방출하리라는 것이다. 이것도 오류였다. 셋째는 우라늄

염은 형광을 발하지 않아도 X선을 방출한다는 것이다. 이것도 오류였다 (우라늄염이 방출하는 것은 X선이 아니었다). 스트럿 교수는 이렇게 평했다.

이같이 훌륭한 발견이 일련의 잘못된 가정을 추구하면서 비롯된 것은 정말 신기한 우연의 일치라 생각된다. 과학사에서 이런 사례가 또 있을까 싶을 정도이다.

17. 사상 최대의 과학의 모험

1945년 8월 6일 일본 히로시마에는 사상 유례없이 강력한 폭탄이 투하되었다. 이것은 적에게 터뜨린 최초의 원자폭탄이었으며 인간의 상상을 넘어서는 거대한 파괴력의 현장을 보여 주었다. 전쟁이 끝나자 당시의 미국 대통령 트루먼(Harry S. Truman)은 전시 기밀을 해제한 후 이 폭탄의 발명과 제조야 말로 '사상 최대의 과학의 투기'였다고 술회하였다.

원자핵분열의 발견

이 발명은 우라늄이나 다른 방사성원소의 원자가 차츰 붕괴됨을 발견한 베크렐과 이 분야를 탐색한 많은 과학자들에 의해 급속한 진보가 달성된 뒤에 일이었다. 어떤 종류의 원자가 스스로 분열한다는 베크렐의 발견은 과학자들에게 실험실에서 인위적으로 원자를 파괴할 수 있으리라는 가설을 세우게 했다.

그때까지 알려진 자연에서 산출되는 원소 중에서 가장 무거운 원자는 우라늄이고 이것은 가장 가벼운 수소원자 238개의 무게와 맞먹는다. 그러나 우라늄 원자는 매우 작으므로 몇백만 개를 합쳐도 핀 대가리 정도의 크기도 안 된다.

원자는 그처럼 작은 크기이기는 하나 그보다 더 작은 입자들로 구성된 것이기도 하다. 원자는 두 개의 중요한 부분으로 구성되어 있다. 그 하나는 중심 부분에 있는 원자핵이며 이것은 전기적으로 (+)로 하전(荷電)된 입자와 중성인 입자를 포함한다. 또 하나는 바깥 부분에 있는 전자라 불리는 (-)전하를 갖는 가벼운 입자이며 원자핵의 둘레를 돌고 있다.

1932년 매우 중요한 실험이 성공되었다. 케임브리지의 두 과학자 콕크로프트[117]와 월튼[118]이 실험실에서 원자를 파괴하는 데 성공했다. 그러나 이 실험에서 쪼개진 원자의 수는 극히 적었다.

그로부터 6년이 지나서 두 독일 과학자 한[119]과 슈트라스만[120]은 우라늄 원자를 연구하여 이것이 케임브리지에서의 실험과는 다르게 쪼개짐을 밝혀냈다. 이 연구에서 머지않아 몇백만의 원자핵이 연쇄적으로 분열하여 순간에 그 전부가 파괴되리라는 것을 알게 되었다. 원자핵이 쪼개지는 것을 〈원자핵분열〉이라 하고 이것이 급속히 진전되는 과정 전체를 〈연쇄반응〉이라 부른다.

과학자들은 연쇄반응이 성공할 경우 막대한 에너지가 방출됨을 잘 알고 있었다. 실제로 제2차 세계대전이 발발한 1939년에는 대규모의 원자 에너지를 가까운 시일 안에 얻을 수 있음이 확실하게 되었다. 이런 발견에

---

117 John Douglas Cockroft, 1897~1967
118 Ernest Thomas Sinton Walton, 1903~1995
119 Otto Hahn, 1879~1968
120 Fritz Strassmann,1902~1980

는 아무런 비밀도 없었다. 그 까닭은 세계대전 전의 과학계에서는 과학자들이 자기의 연구나 발견의 상세한 내용을 자유로이 교환했기 때문이다.

만일 전쟁이 일어나지 않았더라면 원자 과학자들은 틀림없이 산업분야에서의 원자에너지의 이용에 관한 연구에 쏠렸을 것이다. 그러나 영국에서는 제2차 세계대전 때문에 연구의 방향을 전적으로 바꾸었다. 한편 정치가들도 이에 관심을 갖게 되었다.

영국이 원폭계획에 나서다

1940년 4월 영국 공군성은 전쟁이 끝나기 전에 원자폭탄을 만들 수 있는 가능성을 조사하기 위하여 과학자들로 구성된 위원회를 설치했다. 이 위원회의 결론은 비행기로 나를 수 있는 가볍고도 수천 톤의 트리니트로톨루엔(trinitrotoluene, TNT)을 넣은 폭탄(그만큼의 무게를 한 개의 폭탄에 넣을 수 있다 가정하고)과 같은 손해를 끼칠 수 있는 폭탄을 만들 수 있으리라는 것이었다.

영국 정부는 이 결론을 받아들여 1941년 11월 특별한 전시국(戰時局)을 만들어서 그 연구를 위탁했다. 이 국은 기밀을 보호·유지하기 위해 '튜브 합금 위원회(Tube Alloy Committee)'라고 불렸다.

영국의 지도적인 원자 과학자들이 그런 폭탄을 만들 수 있는 가능성을 긍정한 것을 안 영국 정치가나 그 밖의 많은 사람들은 독일 과학자들도 그런 무서운 병기를 만들지도 모른다는 공포를 느꼈다. 그들은 독일 과학자들도 또한 원자를 파괴하는 실험에 열중하고 있었던 것을 알고 있었기 때문이다.

실은 앞에서 말한 바와 같이 대전 전에 이미 독일 과학자들은 원자핵 분열에 대해 매우 중요한 발견을 하고 있었다. 그들이 전쟁 중 더욱 놀라운 발견을 이룩해서 그것을 이용해서 원자폭탄을 만들어 내지 않을까? 독일이 한발 앞서 이 무기를 만들어 낼지도 모른다는 근거는 또 하나 있었다.

우라늄이 발견된 장소는 세계에서 몇 군데 되지 않는다. 그리고 그중의 하나가 체코슬로바키아에 있는데 이 나라는 이미 독일이 점령하고 있었다. 당시의 대부분의 과학자들은 여러 가지 전쟁에 관련된 연구에 종사하고 있었으나 그중 많은 과학자들이 뽑혀서 원자력 연구로 돌려졌다. 비용도 나중에는 얼마가 들든지 문제 삼지 않고 아낌없이 쓰였다. 더욱 몇백 명의 수련기술자나 기능공들이 다른 연구에서 뽑혀서 무엇보다 중요한 이 연구를 돕게 되었다.

중수의 도망

또 하나의 큰 근심거리는 원자력 연구에 있어서 매우 중요한 물질이 노르웨이(Norway)에서밖에 생산되지 않는다는 것이었다. 이 물질은 〈중수(重水, Heavy Water)〉라 불리고 보통 물과 인연은 깊으나 특별히 설계된 장치를 써서 한 방울 한 방울 떨어지는 것을 받아 얻었다. 이것을 만드는 곳은 세계에서 노르웨이의 노르스크 히드로(Norsk Hydro) 회사뿐이었다.

1940년에 프랑스 정부는 그때까지 저장되어 있는 중수를 전부 사고 싶다고 노르스크 히드로사와 절충을 벌였다. 그러나 이 회사의 경영진은 훗날 독일에게 보복을 당할 것이 두려워 최대한의 비밀을 지킬 것을 조건으로 중수를 파는 데 동의했다. 이렇게 해서 사실상 세계에 있는 중수 전부가 프랑스로 돌아가고 말았다. 그것은 위기일발로 프랑스에 도착되었다. 그 이유는 노르웨이가 팔고난 수 주일 후 독일군이 노르웨이를 공격해서 점령해 버렸기 때문이다.

그러나 중수는 곧 또 한 번의 큰 여행을 하지 않으면 안 됐다. 1940년 6월 이번에는 프랑스가 독일군에게 짓밟혔기 때문이다. 다행히 몇 사람의 지도적인 프랑스 과학자들이 도망칠 수 있었다. 그들은 이 귀중한 중수의 전부인 약 165 ℓ 를 가지고 몰래 프랑스의 어느 항구에 도착했다.

영국 배가 그곳에 와 있어 프랑스 과학자와 화물을 배에 싣고 서둘러 출항해서 무사히 영국에 도착했다. 중수는 그 뒤 케임브리지의 캐번디시 연구소에 운반되어 원자폭탄의 연구 계획에 큰 공헌을 했다.

노르스크 히드로의 기습

독일이 노르웨이를 점령한 후 독일 과학자들이 노르스크 히드로 공장에서 계속하여 중수를 생산해서 이것을 손에 넣을 수 있었음은 말할 것도 없다. 그래서 1942년부터 1943년 겨울에 걸쳐서 연합국의 지도자들은 그 생산을 방해하기로 결정했다.

대담한 공격계획이 세워졌다. 노르웨이로부터의 망명자 중에서 노르스크 히드로에서 일한 적이 있어 공장 안에서 쉽게 파괴할 수 있는 중요한 부분이 있는 곳을 알고 있는 사람들이 제공하는 정보를 근거로 했다. 정보는 파괴훈련을 받은 소수의 연합국과 노르웨이의 특별공격대원들에 의하여 연구되었다.

최초의 기습부대는 영국에서 보내졌는데 성공하지 못했다. 그래서 두 번째의 습격이 감행되었다. 젊은 노르웨이 장교 하우겐(Haugen) 중위가 지휘를 했다. 9명의 노르웨이인으로 구성된 기습대원은 스틸링 폭격기로부터 낙하산을 이용하여 공장 가까이에 낙하했다. 그들은 얼어붙은 강을 건너 진격해서 노르스크 히드로 공장을 지키는 독일군 몰래 공장 안으로 침입했다. 그리고 지하실로 숨어 들어가서 가장 중요한 장치 밑에 고성능 폭약을 장치하고 도화선에 점화했다. 이것이 성공해서 장치의 대부분이 파괴됐을 뿐 아니라 9개월 동안 만들어 모아둔 중수를 날려 버렸다. 더욱이 공장의 파괴가 철저했으므로 항복할 때까지 다시 중수를 생산할 수 없었다.

훗날 독일의 항복이 가까워졌을 때 이번에는 연합국은 수리된 노르스크 히드로 공장을 될 수 있는 대로 다치지 않고 뺏기로 했다. 젊은 장교 하우겐은 다시 낙하산으로 노르웨이에 낙하했다. 그는 영국 비행기가 떨어뜨린 무기로 1,000명의 민병대를 조직했다. 독일군이 떠날 예정일 이틀 전에 그들은 공장을 습격했다. 공장을 폭파하라는 명령을 받은 독일 수비병들은 쉽게 항복하고 말았다.

또 하나의 대담한 모험은 1943년 11월에 행해졌다. 이때 덴마크의 지하운동가들은 나치가 덴마크의 유태인들을 모두 검거한다는 결정을 하고 닐스 보어[121]의 체포를 명령한 것을 알았다.

보어는 코펜하겐(Copenhagen) 대학의 물리학 교수로 당시 원자에너지의 연구에서 세계의 선두를 걷고 있었다. 지하운동의 지도자들은 면밀한 계획으로 손을 써서 그를 배에 태우고 게슈타포(Gestapo)의 손에서 빠져나가게 했다.

보어는 스웨덴에 상륙하게 되었으며 이곳 경찰은 이미 그를 독일군의 손으로부터 보호 할 것을 동의했었기 때문에 그가 지나는 도중에 그의 안전을 지켜 주었다. 드디어 그는 영국 비행기를 타고 무사히 영국에 도착했다. 보어는 여기서 곧 연합국의 원자탄 연구를 돕기 시작했다.

독일의 원자력 연구

그 무렵 연합국의 정보기관은 독일과 그 점령지역에서 원자력 연구가 이루어지고 있는 것 같아 보이는 지역에 대해서 빈번히 정보를 전해왔고 연합군의 폭격기는 특히 그런 장소를 골라서 공격을 가했다.

영국은 독일군이 보복으로 영국의 원자력 연구를 하고 있는 지점을 공격해 올 것이라고 예상하고 있었다. 그리하여 1942년 연구는 미국으로

---

121 Niels Bohr, 1885-1962

옮겨졌고 여기서 눈부신 속도로 진척이 이루어졌다. 거창한 조직이 짜여졌고 다수의 과학자들의 팀이 각각 특수한 연구부문을 맡아서 여러 연구소에서 바쁘게 일했다.

몇천 명이나 되는 노동자들이 가지각색 것을 제작하고 다른 사람들이 어떤 일을 하건 관계없이 자기 일에만 골몰했다. 이런 일은 극히 소수의 위원으로 구성된 위원회의 지휘를 받아 추진되었으며 이에 관련된 모든 비밀을 알고 있는 것은 그 위원들뿐이었다.

또 그들은 끊임없이 독일이 자기들보다 먼저 원자폭탄을 만들지나 않을까 하는 공포에 사로 잡혀 있었다.

연합국의 과학자들은 D-DAY(서방 연합군이 처음 노르망디에 기습 상륙을 한 날)까지 당면한 문제를 아직도 해결하지 못했다. 당시 연합국의 지도자들은 독일 학자들이 어느 정도까지 원자력 연구를 진척시키고 있는가에 관해서 갖가지 추측을 하고 있었다. 연합군이 점령한 지역에서 어떤 정보라도 알아낼 수 있을지 모른다 해서 과학자로 구성된 한 팀이 D-DAY 다음날 프랑스에 상륙했다.

그들은 일선부대 뒤를 따라 진격해서 독일 원자력 연구의 진척상황을 나타내는 실마리를 찾으라는 명령을 받았다. 그들이 사용한 방법의 한 예는 라인(Rhein)강에 도착했을 때의 경우를 보면 알 수 있다.

그들은 미국에 있는 연합국 과학자들이 우라늄 파일(Pile, 원자로의 초기 명칭)이라는 큰 탑을 사용한 것을 알고 있었다. 이 탑은 차가운 물로 식히지 않으면 안 되기 때문에 큰 강가에 세워졌다. 물은 이 파일 안을 통과하는 사이에 방사능을 띠게 되어 있었다.

연합국은 만일 독일인이 원자력 연구를 진척시켰다면 역시 우라늄 파일을 사용하고 있을 것이라고 생각했다. 그래서 일선부대를 뒤쫓아 전진한 과학자들은 독일에 점령당한 지역이나 독일 본토에 있는 큰 강 전부에 대해서 물을 떠서 방사능의 유무를 조사해 보도록 지령이 내려졌다.

어느 조사에서도 방사능은 없는 것으로 나타났다. 연합국은 원자에너지 이용을 둘러싼 경쟁에서는 훨씬 앞서 있었던 것 같았다. 또 처칠 (Winston Churchill)이 말했듯이 「하느님의 덕택으로」 영국과 미국의 과학이 독일의 과학을 앞서고 있었다.

이렇게 해서 독일인은 원자폭탄을 만드는 일에서는 연합국이 겁내고 있었던 것보다는 진척이 되지 않았던 것이 점차로 알려지게 되었다. 왜냐하면 그들의 원자에너지 연구는 대부분 산업에의 응용에 집중되었기 때문이다.

이렇게 진척이 이루어지지 못했던 것에는 몇 가지 이유가 있다. 특히 오토 한 박사의 태도는 주목할 만하다. 앞에서 말한 바와 같이 그는 1939년 독일에서 가장 뛰어난 원자 과학자의 한 사람이었고, 독일 원자력 연구자들의 팀을 지휘해서 폭탄을 만드는 일을 성공시킬 만한 유일한 사람이었던 것은 누구나 의심할 여지가 없었다. 실제로 그는 전쟁 중의 베를린의 카이저 빌헬름 화학연구소(Kaiser Wilhelm Institut für Chemie)에서 원자에너지에 관한 대단히 중요한 연구를 했었고, 1942년에는 원자에너지를 써서 동력을 얻을 수 있음을 알았으며 원자폭탄까지도 구상하고 있었다.

1950년에 쓰인 그의 저서에 의하면 「우리나라는 히틀러(Adolf Hitler)에 의해 지배되고 있어서 만약 원자에너지가 그의 수중으로 들어가면 전 인류의 파멸을 가져오게 할지도 모른다」고 느끼고 있었다 한다. 그래서 「제2차 세계대전의 전 기간을 통해서 나는 나와 동료의 연구를 원자에너지의 평화적 목적을 위한 이용에만 국한하기로 했다.」

장치의 부족이 연구에 상당한 지장을 초래했음을 그는 인정하고 있다. 또 뒤에 안 일이지만 독일이 특히 전쟁의 마지막 몇 달 동안은 큰일을 하려해도 거의 불가능 했을 것이다. 자재가 부족한데다 공장들이 끊임없이 폭격을 받았기 때문이다.

원자폭탄의 완성

독일이 항복한 후 연합국은 폭탄을 만드는 노력을 계속해서 1945년 7월에 이르러 처음으로 시험할 준비가 되었다. 그것은 2만 톤의 TNT 화약보다도 강하고, 그때까지 써온 폭탄 중 가장 큰 것의 2,000배의 폭발력을 넘는 무서운 파괴무기였다.

최초의 폭탄을 만드는 데 5억 파운드의 비용을 사용했고, 12만 5천 명의 사람들이 이 계획에 동원되어 그 대부분이 2년 반 동안이나 일을 계속했다.

독일과의 전쟁은 5월에 끝났지만 일본이 아직 항복하지 않아 전쟁은 계속되었다. 이 무렵 폭탄의 준비가 다 됐으므로 연합국 지도자들은 그것을 사용할 것인지의 여부를 결정하지 않을 수 없었다.

처칠 수상과 트루먼 대통령은 포츠담(Potsdam)에서 회담을 갖고 결국 이것을 쓰기로 결정을 내렸다. 두 사람은 소련(현 러시아)의 지도자 스탈린 (Joseph Stalin) 원수에게 「전과는 비교가 되지 않을 만큼 큰 폭발력을 갖는 폭탄」을 일본에게 사용할 것이라고 예고했다.

그들은 우선 일본에게 항복을 요구하는 최후통첩을 보내 무조건 항복을 하지 않으면 일본의 도시가 완전히 파괴될 것이라는 경고를 하기로 의견의 일치를 보았다. 그들은 경고를 했으나 일본 수상은 이 제의를 거부했다. 연합국은 한편으로 스탈린을 통해서 교섭하는 노력을 비밀리에 계속했다.

7월 16일 최초의 원자폭탄 시험은 성공을 거두었다. 이때 연합국은 원자폭탄을 단 두 개밖에는 갖고 있지 않았다. 더 만든다 해도 긴 시간이 걸렸을 것이다. 그러므로 당장에 쓸 수 있는 것은 두 개뿐이었다. 며칠 사이에 폭탄은 서둘러서 태평양을 건너와 1945년 8월 6일에는 떨어뜨릴 준비가 모두 갖추어졌다.

원폭과 일본의 항복

그날 일본의 도시 히로시마의 아침은 맑고 태평양은 밝게 빛났다. 이 도시는 도쿄처럼 요새화된 항구였다. 또한 주요한 군수품 보급기지의 하나로 조선소, 방직공장, 군수공장 등이 있었다. 공격은 예고 없이 시작돼

원자폭탄이 투하되다

서 모든 사람들이 자고 있는데 물을 끼얹는 격이었다. 폭발한 다음 1분도 안 되어 수만의 남녀와 어린이들이 무참하게 죽어갔다. 대부분 폭발의 무서운 열기 때문에 타 죽었다. 도시의 중심부는 건물이든 무엇이든 싹 쓸어서 큰 불도저로 민 것같이 되었다.

같은 날 투르먼은 방송연설을 통하여 일본인에게 만약 그들이 연합국의 평화조항을 수락하지 않으면 지상에서 아직 보지 못했던 파멸의 비가 공중에서 내려올 것을 각오하지 않으면 안 된다고 호소했다. 처칠도 같은 내용의 방송을 했다.

그러나 일본은 항복해 오지 않았으므로 3일 후에는 두 번째 폭탄이 나가사키에 떨어져 똑같은 비참한 결과를 초래했다.

두 번째 타격은 일본 정부의 신경을 여지없이 짓밟았다. 나가사키에서의 대량학살도 히로시마와 같이 눈으로 볼 수 없을 정도였다. 정확한 숫자는 발표되지 않았으나 도쿄의 라디오 방송이 보도한 추정에 의하면 두 도시에서 약 28만 명의 사상자가 있었다고 한다(그중 약 10만 5천 명이 사망하고 나머지가 부상을 당했다).

일본 일왕은 전부터 무조건 항복을 받아들이고 싶었지만 이쯤 되자 대본영(大本營)에서도 많은 지지자를 얻게 되었다. 8월 10일 도쿄방송은 일본정부는

이 이상 전쟁을 계속함으로써 인류 위에 내리는 재해로부터 국민을 구하기 위하여 적대행위를 빠르게 종결지을 것을 간절히 바란다.

라고 발표했다.

원폭을 둘러싸고

지금에 와서 보면 연합국은 독일의 과학자들이 먼저 원자폭탄을 만들지 않을까 두려워서 계획을 서둘러 추진했다.

만약 그들이 독일의 실태를 알았다면 그렇게 공포에 떨 필요는 없었을 것이다. 그렇지만 연합국의 지도자가 적을 겁낸 것은 확실히 현명한 일이었다. 독일은 원자폭탄을 만들 수 있었을 것이며 또 만들었을 것이라고 믿어도 좋을 만한 이유가 여러 가지 있었다.

그러나 이 방면에 대한 과학의 모험은 독일과의 전쟁을 수행하는 데

있어서는 조금도 도움이 되지 못했다. 레이더, 자기기뢰(磁氣機雷), 잠수함 탐지법 등의 연구에서, 또는 공격용 무기를 제조하는 일에서 많은 과학자를 빼내서 원자폭탄 제조 계획에 투입한 것은 전쟁 노력에 막대한 지장을 가져 왔다.

그뿐 아니라 독일은 원자폭탄이 만들어지기도 전에 이미 패배하고 말았다.

일본의 지도자들이 최초의 원자폭탄이 떨어진지 나흘 후에 항복한 것은 사실이다. 그러나 전문가들은 어쨌든 일본이 가을까지는 항복했을 것이라는 점에 의견이 일치하고 있었다. 원자폭탄 사용에 관한 시비는 앞으로도 계속 되풀이될 것이다. 그러나 처칠이 운명의 1945년 8월 6일에 말한 다음 구절은 이후에도 많은 사람들에게 공감을 일으킬 것이다.

지금까지 오랫동안 자비스럽게도 인류의 손이 미치지 않는 곳에 있었던 자연의 비밀이 폭로된 것은 사물을 이해하는 인간 전부의 마음과 양심에 엄숙한 반성을 일으키지 않으면 안 된다. 우리들은 이 무서운 힘이 여러 국가 간의 평화에 공헌하도록, 또 지구 전체에 헤아릴 수 없는 커다란 파괴를 가져 오지 않고 무궁한 번영의 원천이 되도록 진심으로 빌지 않으면 안 된다.

18. 두 청년, 일자리를 찾다

마이클 패러데이의 어린 시절

1791년 요크셔(Yorkshire) 지방의 대장장이 한 명이 런던으로 이사해 왔는데, 아들 마이클 패러데이[122]가 태어난 직후에 병으로 죽었다. 그는 가족에게 돈 한 푼 남기지 않았기 때문에 패러데이는 어려서부터 스스로 생활비를 벌지 않으면 안 되었다.

13세 때 책방에서 심부름을 하게 되었다. 주로 하는 일은 신문배달이었다.[123] 1년 후 그는 제본소에서 일하게 되었다. 이 일은 그의 장래에 큰 영향을 주었다.

어린 패러데이는 대단한 노력가여서 제본할 때 자신의 손을 거치는 많은 책을 열심히 읽었다. 특히 한 권의 책이 그에게 강한 인상을 주었다.

그 책은 마셀 부인의 《화학에 관한 회화》로서 당시 화학 교과서로 널리 사용되었던 책이다. 그 책은 과학에 흥미를 갖도록 만들었다. 그는 곧 밤에 열리는 과학강의에 나가 그 강의 내용을 자세히 노트에 적었을 뿐

---

122 Michael Faraday, 1791-1867
123 당시 몇몇 신문은 독자들이 다 읽을 동안 기다렸다가 한 시간 뒤에 그 신문을 찾아서 다른 손님에게 배달하는 일을 되풀이했다

아니라 이것을 제책해서 훌륭한 책으로 만들었다.

머지않아 그의 생애에서 기념해야 할 날이 왔다. 손님 중의 한 사람이 험프리 데이비가 하는 4회 연속 과학 공개강의에 데려다 주었다. 데이비는 당시 왕립연구소(Royal Institution)에서 화학에 관해 알기 쉽고 재미있는 강의를 해서 상류사회의 청중을 매혹시켰다.

패러데이는 여느 때의 습관대로 강연을 전부 노트에 적어서 뒤에 그것을 깨끗이 정서하고 모아서 제본하니 B5판(16절 크기) 386페이지의 책이 되었다.

데이비에게 취직을 부탁하다

그 뒤에 패러데이는 다음과 같이 적고 있다.

나는 내가 몸담아 온 장사란 악덕하고 이기적인데 그에 반해서 과학은 그것을 추구하는 사람을 고매(高邁)하고 자유롭게 만든다는 공상을 했다. 따라서 나는 어떻게 해서라도 장사를 떠나서 과학에 몸을 바치고 싶다는 희망을 가졌다. 그래서 결국 나는 감히 험프리 데이비 경에게 편지로 나의 소망을 솔직히 피력하고 기회가 있으면 나의 부탁을 들어 달라는 뜻을 밝혔다. 편지와 함께 나는 그의 강의 노트를 붙였다.[124]

---

124 J. A Paris, *The Life of Sir Humphry Davy*

데이비가 이 편지를 받은 것은 1812년 크리스마스 직전이었다. 그는 때마침 찾아온 친구에게 이 편지를 보여 주며 이렇게 말했다. '어떻게 하면 좋을까? 패러데이라는 청년이 편지를 보내 왔는데 내 강연을 듣고 왕립연구소에 고용해 달라고 하고 있군. 내게 무슨 일거리가 있을까?' 친구는 이렇게 말했다. '그 녀석에게 병 씻는 일이라도 시키게. 그가 쓸모 있는 사람이면 그것을 잘 해낼 것이고, 싫다고 하면 아무 쓸모도 없을 것일세.' 그러나 데이비는 '그건 안 돼. 좀 더 나은 일로 그를 시험해 봐야 해' 하고 대답했다.

데이비는 패러데이에게 흥미를 갖고 21세의 청년에게 친절하게 1월 말에 만나자는 약속을 했다. 이렇게 해서 패러데이는 데이비와 만났지만 데이비는 결원이 없기 때문에 지금 일자리에 그대로 있으라고 했다. 또한 과학은 〈가혹한 여주인〉이고 금전적인 면에서 보면 「과학에 헌신하는 사람들에게 보잘 것 없는 보답밖에는 없기」 때문이라고 말했다. 그리고 패러데이에게 자기가 출판하는 책의 제책을 전부 맡기겠다고 약속했다.

패러데이, 왕립연구소에 고용되다

패러데이는 〈전임〉 과학자가 되려는 노력이 수포로 돌아가는가 하고 크게 실망했다. 그러나 그 뒤 아무도 예측하지 못했던 일 때문에 좋은 기회가 왔다.

1813년 초 왕립연구소의 실험실 사환으로 일하던 윌리엄 베인이 기구제작자 뉴먼(Newman)의 조수가 되었다. 그의 일은 장치의 청소와 수리였다. 베인은 뉴먼과 잘 맞지 않았는데 어느 날 밤 관리인이 강의실에서 큰 소리가 나는 것을 들었다.

강의실로 급히 들어가 보니 둘이서 대단한 언쟁을 하고 있었다. 뉴먼이 베인에게 의무를 게을리한다고 문책하니까 베인은 뉴먼을 한 대 쳤다. 관리인은 싸움을 말리고서 뒤에 그 사건을 이사(理事)들에게 보고했다. 그 결과 베인은 파면됐다.

그래서 데이비는 젊은 패러데이가 일자리를 원했던 것을 생각하고 빈자리를 그에게 주기로 결정했다. 패러데이가 채용되었다는 소식을 듣게 된 경위는 약간 극적인 데가 있다.

어느 날 밤 패러데이가 웨이머스가에 돌아와서 옷을 벗고 있을 때 문 두드리는 소리가 들렸다. 밖에 나가보니 마차가 서 있었고 마부가 내려 편지를 전했다. 그 편지는 데이비 경으로부터 온 것으로 내일 아침 왔으면 좋겠다는 내용이었다.

패러데이가 데이비에게 가니 데이비는 이전에 만났을 때 했던 이야기를 다시 강조하면서 지금도 그때 생각과 다름이 없다면 왕립연구소의 실험실 조수가 되지 않겠느냐고 하는 것이었다. 보수는 1주에 25실링이고 건물 옥상에 있는 인접한 두 개의 방을 줄 수 있다고 했다. 패러데이는 기쁘게 이 제의를 받아들였다. 그의 의무는 다음과 같았다.

강의 전의 준비와 강의 중 교수나 강사의 조수로서 돕는 일, 기구나 장치가 필요할 때 그것들을 모형실이나 실험실로부터 강의실로 조심스럽게

옮기고 사용 후 잘 닦고 제자리에 가져다 놓는 일, 수리를 해야 할 때나 사고가 났을 때 이사에게 보고하는 일, 매일 일지를 적는 일, 매주 한 번 창고의 모형들을 깨끗이 정리하는 일, 적어도 한 달에 한 번 모든 유리 상자 안에 있는 기구의 먼지를 터는 일 등등.

패러데이는 그 시시한 일에 오래 머물러 있지 않아도 됐다. 그의 능력이 뛰어나서 데이비나 다른 사람들에게 더 나은 일을 할 수 있는 사람으로 인정받았다. 그는 순조롭게 승진해서 12년 뒤에는 험프리 데이비의 뒤를 이어 왕립연구소의 실험실장이 되었다.

패러데이는 그 후 40년 동안 여기서 혁혁한 과학연구를 해냈고 인류에게 한없는 이익을 가져다주었다.

머독, 와트의 공장으로 가다

윌리엄 머독[125]이라는 청년 기술자[126]가 고용된 전말은 마이클 패러데이의 경우와 같이 로맨틱하다.

머독은 1754년 에어셔(Ayrshire)의 작은 마을에서 태어났다. 그의 아버지는 물방아 목수였다. 머독은 아버지를 닮아 손재주가 있었으며 23세까지는 물방아 목수로 일했다.

---

125 William Murdock, 1754-1839
126 『과학사의 뒷얘기 I ―화학』, 13장 참조

머독은 직접 만든 모자를 보였다

그는 어릴 때부터 질이 나쁜 석탄을 가열해서 가스를 만드는 간단한 실험을 했으며, 이러한 일찍부터 싹튼 발명의 재질과 타고난 손재주를 곁들여 기계기술을 일생의 직업으로 택하게 되었던 것이다.

젊고 야심 많은 기술자에게는 작은 마을에서는 제대로 할 일이 없었다. 그런 사람에게 성지(聖地)는 버밍엄(Birmingham)에 있는 와트[127]와 볼턴[128]의 큰 공장이었다.

머독은 버밍엄에 가서 진보적인 회사가 자기를 써 줄 수 있는지 알아보기로 했다. 그런 뜻을 친구에게 말했더니 다음과 같은 충고를 해주었다.

---

127 James Watt, 1736-1819
128 Mathew Boulton, 1728-1809

'자네, 실크해트[129]를 쓰고 가. 남쪽에선 웬만한 청년들은 모두 그런 모자를 쓰고 있네.' 그래서 머독은 실크해트를 준비했다. 그가 이 모자를 쓰고 스코틀랜드에서 버밍엄까지 터벅터벅 걸어서 간 것을 상상해 보라. 역마차를 타고 싶어도 요금이 너무 비싸서 도저히 감당할 수 없었던 것이다.

볼턴, 모자에 주목하다

공장에 도착하여 그는 제임스 와트에게 면회를 청하였다. 마침 그때 와트는 외출 중이었으므로 볼턴의 사무실로 갔다.

처음에 볼턴은 자기를 써 달라는 머독의 부탁에 아는 척도 안 했다. 당시는 불경기라서 빈자리가 없었던 것이다. 그러나 볼턴은 온정이 있는 사람이었으므로 머독이 일자리를 찾아 멀리 여행 온 것을 알고는 가엾은 생각이 들어 이야기를 시작했다.

머독은 촌에서 온 청년들이 대개 그렇듯이 높은 사람과 이야기를 하니 부끄러워서 몸 둘 바를 몰랐다. 그는 자신도 모르는 사이에 모자를 만지작거렸다.

볼턴은 그 모자를 보고서 그것이 보통 천으로 만들어진 것이 아님을 알아챘다. 아무래도 다른 재료로 만들어 색을 칠한 것같이 보였다. 볼턴과 와트의 전기를 쓴 스마일즈(Smiles)는 그 뒤에 일어난 일을 이렇게 쓰고

---

129 silk hat, 영국 신사들이 쓰는 모자

있다.

'아따, 그 모자 퍽 색다른데.' 볼턴은 이렇게 말하면서 한층 유심히 들여다보았다. '뭐로 만든 건가?' 머독은 '나무로 만든 것입니다' 라고 얌전하게 대답했다. '그게 나무로 되어 있단 말인가?' '네, 그렇습니다.' '흠, 어떻게 만들었지?' '제가 깎아서 만들었어요. 손으로 만든 연장을 돌려서요.'

볼턴은 그 청년을 다시금 보았다. 채점점수가 단번에 몇십 점이나 껑충 뛰었다. 키가 크고 미남이며 정직해 보이고, 영리한 얼굴이었다. 그리고 자기가 만든 연장을 돌려서 나무로 모자를 깎았다는 것은 보통 기계공의 솜씨가 아님을 말해 주는 것이다.[130]

사람됨을 보는 눈이 날카로운 볼턴에게는 이것만으로도 충분했다. 눈앞의 청년이 타고난 기계공이라는 것을 확신했다.

머독은 그 자리에서 1주 15실링으로 2년간 고용되기로 계약하게 되었다. 그 뒤 그는 승진을 거듭해서 드디어 어떤 기계조작도 믿고 맡길 수 있는 지배인이 되었다.[131]

---

130 스마일즈, 《기술자들의 생애》; Samuel Smiles, *Lives of the Engineers*
131 카네기, 《제임스 와트》; A. Carnegie, *James Watt*

19. 적국 과학자에 대한 대우

20세기에 일어난 두 차례의 세계대전 중에 각국의 과학자들은 자기들이 갖고 있는 지식을 자기들 국가의 뜻대로 이용하게 했으며 중대 기밀이란 장막 뒤에서 여러 가지 문제를 연구했다.

『과학사의 뒷얘기』에서도 다루었지만 탱크의 발명과 제작(Ⅵ), 가스의 사용(Ⅰ), 원자폭탄의 제조 등이 그것이다. 물론 이 기밀은 몇백이나 되는 다른 계획에 대해서도 엄중하게 통제되어 대전 중에는 각국의 과학자 사이에는 통신이나 다른 연락의 길이 허용되지 않았다.

실제로 그런 연락을 하는 시도가 있었다면 그야말로 최고의 반역행위로 간주되고 처벌되었을 것이다.

그러나 적국의 동료 과학자에 대한 이런 태도가 어느 시대에서나 반드시 그랬던 것은 아니다. 1803년에 쓰인 재미있는 편지가 그것을 증명하고 있다.

그해 영국과 프랑스는 치열한 나폴레옹 전쟁을 치르던 때여서 국민감정은 서로 눈에 가시 같았다. 그때 영국 왕립협회 회장은 조셉 뱅크스[132]였는데 그는 프랑스에서 자신과 같은 지위에 해당하는 사람인 국립연구

---

132 Joseph Banks, 1743-1820

소의 회장에게 다음과 같은 편지를 썼다.[133]

내가 프랑스에 있는 영국인 학자들과 통신연락을 가져도 그들을 정치적
인 목적으로 이용하고 있다고 비난하지 말아주십시오. 또 명성과 영예를
가진 우리나라의 신사들이 과학적 정보를 주거나 받을 목적으로 귀국을
방문해도 공적인 일을 할 때마다 스파이 행동을 했다는 오명을 쓰고 싶지
는 않습니다. 만약 이런 일이 불가능하다면 나로서는 두 나라의 과학자들
간의 효과적인 의사소통을 지속시킬 수 없게 될 것입니다.

전쟁 중 조셉 뱅크스가 이렇게 프랑스와 연락을 하고 있던 것을 모든
영국인이 호의를 가지고 본 것은 결코 아니었음을 덧붙여 두어야겠다.

프랭클린과 쿡 선장

북아메리카 식민지 사람들이 영국에 대해서 독립을 선언(12장 참조)하
고 나서 몇 해 뒤인 1779년에 뱅크스는 자기 나라의 또 다른 적에 대해서
도 감사의 말을 전했다.

그때까지 식민지 미국과 모국인 영국 사이에는 여러 해 동안 전투가
계속되었기 때문에 1779년에는 양쪽 국민의 적의는 대단한 것이었다. 미

---

133 카메론, 《조셉 뱅크스 경》; H. C. Cameron, *Sir Joseph Banks*

국의 약탈선(전쟁 중 적국의 상선을 나포하는 민간무장선)이 영국의 선박을 습격했었는데 영국과 적대관계에 있던 프랑스는 그들에게 기지를 제공해서 활동을 도왔다.

1768년부터 1779년에 걸쳐 영국의 쿡[134] 선장이 남쪽 바다를 항해해서 오늘날 오스트레일리아의 새로운 육지를 탐험하고 있었다. 그는 벤저민 프랭클린의 친구이기도 했다. 프랭클린은 과학자일 뿐만 아니라 미국의 지도적인 정치가의 한 사람으로 당시는 미국 대표로 프랑스 궁정에 파견되어 있었다. 다음에 소개하는 편지는 그가 1779년 3월 10일에 어떤 일을 했는가를 말해 주고 있다.

현재 영국과 교전 중인 미국의회의 위임을 받고 행동하는 모든 무장선의 선장과 지휘관에게:

여러분 이 전쟁이 시작되기 전에 미지의 바다에 있는 새로운 나라들을 발견하기 위하여 매우 유명한 항해자이자 탐험가인 쿡 선장의 지휘 아래 영국에서 배 한 척이 보내졌습니다. 이것 자체는 진실로 칭찬할 만한 계획이라 할 수 있습니다. 왜냐하면 지리에 관한 지식이 많아지면 유용한 산물(産物)과 제품의 교환에 있어 멀리 떨어져 있는 나라 사이의 통신이 쉬워지고, 인간생활에서 공통된 기쁨을 누리게 하는 예술이 확대되며, 다른 부문의 과학도 증대되어 인류 전체의 이익이 되기 때문입니다.

---

134 James Cook, 1728-1779

이 배는 머지않아 유럽의 바다로 돌아올 것이 예상됩니다. 따라서 여러분 한 사람 한 사람에게 마음으로부터 권하고 싶습니다.

만일 이 배가 발견됐을 때는 당신은 그들을 적으로 보지 말고, 그 배에 실려 있는 재물을 빼앗지 말고, 또 그것을 억류하든가 유럽의 다른 곳이나 미국으로 보내든가 함으로써 영국으로 돌아가는 것을 방해하는 일이 없도록 하십시오.

쿡 선장과 그 부하들을 정중하게 또 친절히 대하고 인류애로써 그들이 필요로 하는 원조를 힘자라는 데까지 제공해 주시기 바랍니다. 그렇게 함으로써 당신은 자신의 관대한 처사에 만족할 뿐 아니라 의회와 다른 미국 선장들의 지지를 얻을 것임에 틀림없습니다.

여러분의 가장 충실하고 겸허한 공복이라는 영광을 가지면서

B. 프랭클린
1779년 3월 10일 파리 근교 파시(Passy)에서

프랭클린은 이 편지를 자기 독단으로 보냈지만 뒤에 의회는 이것을 지지하기로 동의했던 것이다.

그러나 쿡 선장은 프랭클린의 통행증을 받기도 전에 이미 새로 발견한 대륙의 한 원주민에 의해 살해되었다. 쿡 선장이 죽었다는 소식이 영국에 알려진 뒤 프랭클린의 옛 친구인 호경(卿)이 통행증 사건의 경위를 듣고 국왕에게 영국 해군성을 대신하여 프랭클린에게 쿡의 《항해기》[135] 한 권

---

135 *The Journal of Captain James Cook on His Voyages of Exploration*

을 부치자고 제의했다. 조지 3세는 마지못해 승낙했다고 한다. 그는 프랭클린에 대해서 나쁜 감정을 갖고 있었기 때문이다(12장 참조).

왕립학회 회장 조셉 뱅크스는 이전의 탐험 항해에서 쿡과 행동을 같이한 적이 있었다. 왕립학회는 쿡의 항해를 기념하는 메달을 만들기로 했다. 그중 몇 개는 금으로 만들 것을 결정하고 학회는 이 금메달 하나를 반역자 프랭클린에게 보내기로 하였다. 뱅크스는 즉시 그것을 프랭클린에게 보내면서 다음과 같은 메모를 동봉했다.

당시 귀하의 지휘 아래 있던 미국 무장선 전부에게 저 위대한 항해자를 낭패시키는 행동을 일절 삼가도록 명령한 귀하의 생각과 자유로운 감정을 우리들이 얼마나 진실로 존경했는가를 기념하기 위해서 이 메달을 부칩니다.

나폴레옹과 제너

프랑스 황제 나폴레옹[136]은 영국으로서는 대단히 무서운 적이었다. 그는 역사상 가장 위대한 장군들 중에서도 전쟁의 기술이나 실전에 통달하고 있었던 것이 널리 인정되고 있었다. 따라서 그는 적국의 비전투원과의 교제나 우정을 유지하려는 어떤 노력에 대해서도 못마땅한 낯을 했을 것

---

136 Napoléon Bonaparte, 1769-1821, 제위 1804-1815

으로 생각될지 모른다.

그러나 그의 태도는 반드시 그렇지만도 않았다. 나폴레옹은 의학에 깊은 흥미를 갖고 있어 국민의 건강을 개선하는 새로운 발견이 이루어지면 언제나 면밀한 주의를 기울였다. 이에 관한 좋은 예로 제너[137]가 종두법을 발견했을 때 그는 곧 이것이 국민을 위해서 큰 가치가 있는 것으로 판단했던 것을 들 수 있다. 그는 자기의 어린 아들에게 종두를 맞힘으로써 새로 발명한 방법에 신뢰를 나타냈고, 1809년에는 종두를 시행하라는 칙명(勅命)을 내렸다.

영국과의 전쟁이 시작된 지 1년밖에 안 된 1804년 나폴레옹 훈장에서도 제일 아름다운 훈장 하나가 만들어졌다. 그것은 황제가 종두의 가치를 인정한 것을 기념한 것이었다. 동시에 제너에 대한 개인적인 경의를 표하는 의도도 있었다고 한다. 제너의 전기를 쓴 배런(J. Baron)은 나폴레옹에 대해 이렇게 적고 있다. [138]

혁혁한 승리에 빛나는 프랑스 혁명군의 총사령관으로서 파비아(Pavia) 시가 약탈당했을 때, 스팔란자니[139]의 천재에 대한 경의 때문에, 파비아 대학을 약탈에서 지킨 그는 야심의 절정에까지 올라간 무서운 여러 사건

---

137 Edward Jenner, 1749-1823
138 배런, 『에드워드 제너의 생애』; J. Baron, *The Life of Edward Jenner*
139 Lazzaro Spallanzani, 1729-1799

들에서도 과학이 당연히 주장해야 할 권리를 잊지 않았던 것을 입증한다.

때마침 두 영국인이 인턴으로 프랑스에서 배우고 있었는데 제너는 그들의 방면을 탄원했다. 나폴레옹은 그 탄원을 거절하려 했으나 그때 황후 조세핀(Josephine de Beauharnais)이 제너의 이름을 봐서 허락하라고 청했다.

황제는 한동안 말이 없다가 '제너, 그 사람 소원이라면 거절할 수 없지'라고 말했다. 그리하여 두 영국인은 자유를 얻었다고 한다.

데이비의 수상과 프랑스 방문

나폴레옹은 전쟁 중 또 한 사람의 영국인 과학자에게 영예를 주었다. 볼타가 전기를 얻는 화학적 방법을 발명(13장 참조)하고 얼마 되지 않아서 나폴레옹은 해마다 전기에 관한 가장 뛰어난 실험연구에 대해서 메달과 상금 3,000프랑을 준다고 발표했다. 1807년 영국과 프랑스가 전쟁을 하고 있었음에도 불구하고 상금은 영국의 험프리 데이비에게 주어졌다. 어느 저자는 이렇게 평했다.

이렇게 해서 볼타의 전지는 영국의 대포 전부로도 가져오지 못했던 것 (영국의 우월성에 대한 마음속으로부터의 존경)을 영국 화학자의 손에 의해서 얻었다.

데이비 자신은 이렇게 쓰고 있다.

일부 사람들은 내가 이 상을 받아서는 안 된다고 한다. 신문도 그런 취지의 우스꽝스런 단평을 싣고 있다. 그러나 두 나라 또는 정부가 전쟁을 하고 있다 해도 과학자들은 그렇지 않은 것이다. 만일 과학자들이 서로 전쟁을 한다면 그야말로 더욱 질이 나쁜 내전이 될 것이다. 우리는 오히려 과학자의 힘으로 국가 간의 심한 적의를 해소시키고 싶다.[140]

이후 데이비는 프랑스 왕립연구소의 1급 통신 회원으로 뽑혀 전쟁 중 프랑스를 방문했다. 이에 관해서 다음과 같이 적혀 있다.

프랑스 학자들이 이 영국의 자연 철학자를 맞이하여 포옹했을 때의 관대함과 꾸밈없는 친절은 일찍이 없었던 것이다. 그들의 행동은 과학이 국가 사이의 증오를 초월한 것을 말해 주었다. 그것은 천재에 대한 경의이고 그것을 준 사람들에게나, 받는 사람에 있어서나 똑같이 칭찬해야 할 일이었다.

험프리 데이비는 이 기념제의 만찬회에 초대되기까지 했다. 여기서 런던의 왕립 학회와 린네 학회(Linnaean Society)를 위해 건배할 것이 제의됐다. 이 모든 것이 프랑스와 영국이 전쟁을 하고 있던 중의 일이었다. 만찬회에서는 이런 일도 있었다 한다.

---

140 패리스, 《험프리 데이비 경의 생애》

영국 손님에 대해서 가장 위대한 감정과 대접을 보여준 것은 참석자들이 황제의 건강을 위해 축배 할 것을 거부한 일이었다. 그것은 그들의 개인적인 안전을 상당히 위태롭게 하는 것이었다. 뒤에 나폴레옹이 그와 같은 불경(不敬)한 행위에 대해서 얼마나 노할까 하는 적지 않은 우려가 있었다.

그러나 나폴레옹은 이에 대해서 아무런 언급도 하지 않았으니 만사는 잘 된 것이었다.

20. 국왕과 지배자와 과학자

과학을 좋아하는 찰스 2세

크롬웰 혁명이 있은 뒤 찰스 2세[141]가 영국 왕위를 다시 회복한 다음 (1661) 곧 세상 사람들은 통속과학에 대단한 흥미를 갖게 되었다. 그것은 주로 「자연에 관한 지식을 개선하기 위한 왕립학회(The Royal Society for the Improvement of Natural Knowledge, 축약해서 왕립학회)」라고 하는 단체가 활약을 한 덕택이었다.

국왕은 여러 가지 과학에 관해 크게 흥미를 가지고 기꺼이 왕립학회의 후원자(Patron)가 되었다. 많은 신하들과 다른 사람들도 왕의 본을 땄다.

얼마 후에 왕립학회 회원으로는 「남작의 작위를 가진 사람, 의과대학의 평의원, 옥스퍼드 대학, 케임브리지 대학의 수학, 물리학, 자연철학의 교수들」이 포함되었다. 유명한 역사가 마콜리 경[142]은 당시 과학에 대한 관심을 다음과 같이 평하고 있다.[143]

---

141 Charles II, 1630-1685, 재위 1660-1685

142 Sir. Thomas Babington Macaulay, 1800-59

143 마콜리, 《영국사》; T. B. Macaulay, *History of England*

왕립학회가 설립되고 몇 달도 안 돼서 실험과학은 크게 유행했다. 사람들은 완전한 형태의 정부를 갖는다는 꿈보다는 날개를 치면서 런던탑에서 웨스트민스터사원(Westminster Abbey)까지 날 수 있는 날개의 꿈에 더 관심이 컸다.

왕당파와 의회파, 국교파와 퓨리턴(Puritan)은 이번만은 서로 손을 잡았다. 성직자, 법률가, 정치가, 귀족, 왕후들은 승리에 자만했다. 시인은 다가오는 황금시대를 열렬히 구가했다. 드라이든[144]은 왕립학회가 곧 우리들을 지구 끝까지 데려다 주어 한층 아름다운 달을 보여주고 즐겁게 해줄 것이라고 예언했다.

찰스 왕 자신도 화이트 홀(White Hall)에 실험실을 갖고 있었으며 거기에 있을 때는 회의 테이블에 앉았을 때보다 훨씬 생기 있고 주의 깊었다. 공기 펌프나 망원경에 관해 말할 수 있는 것이 훌륭한 신사의 자격으로서 필요한 조건이라 생각됐다. 정숙한 부인들까지도 때로 과학에 취미를 가졌다고 시늉을 하는 것이 어울린다고 생각하고 자석이 정말 바늘에 작용하는가에 대해 또 현미경이 파리를 참새의 크기만큼 크게 보이게 하면 즐거운 환성을 지르는 것이었다.

---

144 John Dryden, 1631-1700

루퍼트 왕자의 구슬

바바리아 공(Duke of Bavaria) 루퍼트 왕자[145]는 왕립학회의 가장 충실한 회원의 한 사람이었다.

그는 찰스 1세[146]의 조카로 내란 때에는 백부의 군대에 소속되어 싸웠다. 백부가 패배한 뒤 대륙으로 건너가서 왕정복고(王政復古) 때까지 머물러 있었다. 망명하고 있는 동안 과학 연구에 많은 시간을 보냈다.

그는 사촌 찰스 2세와 함께 영국에 돌아왔다. 과학에서 이룩한 연구와 발견의 덕으로 그는 세계의 왕족 과학자 중에서도 가장 유명한 사람으로 되어 있었다. 그의 중요한 연구의 하나는 화약에 관한 것이었으나 그가 이전에 군인이었던 것을 생각하면 그것은 그리 놀라운 일이 아니다.

그는 당시 사용되던 보통 화약보다 10배나 강력한 화약을 만들었다고 한다. 이 밖의 다른 발견을 들면 다음과 같다.

광산의 갱 안이나 수중에서 암석을 폭파하는 방법, 수력엔진, 탄환을 「우박과 같이」 발사하는 방법, 항해용 4분의(分義)의 개량 등, 총포의 화실의 개량 등, 또 화학 분야의 발견에는 오늘날 〈프린스 메달(Prince Medal)〉이라고 불리는 합금의 제법과 흑연을 녹이는 방법 등이 있다.

많은 사람이 흥미를 일으킨 발명은 〈루퍼트 왕자의 물방울(Prince Rupert's Drop)〉이라 불리는 것이다. 마콜리는 이것을 '오랫동안 어린이들

---

145 Prince Rupert, 1619-1682
146 Charles I, 1600-1649

을 웃기고 철학자를 곤란하게 만든 기묘한 유리구슬'이라고 말하고 있다.

이것은 1660년 루퍼트가 영국으로 가지고 간 것이며 찰스 2세가 그레샴 대학(Gresham College)에서 왕립학회에 이것을 전했다.

그것은 알맹이가 찬 작은 유리로 배(Pear) 같은 모양을 하고 올챙이 모양의 긴 꼬리를 달고 있다. 고도로 정제한 유리를 끓여서 찬물 속에 떨어뜨려 만든다. 굵은 쪽의 끝 즉 머리는 매우 딱딱해서 아무리 두들겨도 깨지지 않는다. 그러나 꼬리 쪽은 간단이 끊어진다. 이것을 끊으면 전체가 예리한 폭음을 내면서 먼지나 티끌 같이 부서져서 사방으로 흩어진다.

꼬리를 긁든가 약간 금을 긋기만 해도 부서져 튀었다. 구조는 간단해 보이지만 실제로 만들기는 상당히 어렵다는 것도 아울러 덧붙여 둔다.

루퍼트의 구슬은 버틀러[147]가 유명한 〈휴디브라스(Hudibras)〉에서 다음 몇 줄의 시를 썼을 때는 이미 세상에 잘 알려져 있었다.

명예는 철학자들을 그토록 못살게 굴던

그 유리구슬처럼

한 귀퉁이가 깨지기만 해도

어떤 슬기로도 그 까닭을 알아내지 못한다.

---

147 Samuel Butler, 1612-1680

나폴레옹, 전기쇼크를 받다

나폴레옹은 찰스 2세처럼 프랑스의 과학학회에 개인적인 관심을 갖고 있었다. 학회는 〈왕립과학아카데미(Academie Royale des Sciences)〉인데 1666년에 창립 되었다. 또 나폴레옹은 전쟁에서의 과학의 중요성을 인식하고 이집트를 공략할 때에는 과학자들을 데리고 갔다.

나폴레옹에 관한 다음 이야기는 되풀이해서 소개할 만한 가치가 있다. 그것은 통치자라도 과학은 자기의 뜻대로 할 수 없다는 것을 분명히 나타내기 때문이다. 불과 몇 해 전에 영국의 조지 3세도 몸소 이 사실을 배웠던 것이었다(12장 참조).

나폴레옹이 어느 과학자의 모임에 참석했을 때 데이비가 전기를 써서 금속 나트륨을 얻었다는 소식을 들었다. 그는 왜 그런 발견이 프랑스에서

나폴레옹, 혀에 전기쇼크를 받다

는 없었느냐고 물었다. '우리들은 큰 볼타전지를 만든 일이 한 번도 없었습니다.'라고 과학자들이 말했다. '그러면 곧 하나 만들어 보시오. 비용은 아끼지 않아도 되오.'라고 나폴레옹은 말했다.

그래서 큰 전지가 하나 만들어졌으며 나폴레옹은 그것을 보려고 갔다. 그는 전지의 극에 연결된 두 도선의 끝을 혀에 대면 이상한 맛이 난다는 말을 들었다. 어떤 기술을 보면

나폴레옹은 그 이야기를 듣자 그 특유한 재빠른 동작으로 같이 있던 사람들이 주의의 말도 하기 전에 전지에 연결된 두 도선 끝을 자기 혀 밑으로 넣었다. 곧 그는 심한 쇼크를 받았다. 그의 모든 감각이 없어지는 것 같았다. 이 쇼크에서 회복되자 그는 아무 말도 없이 실험실을 떠나 그 이후는 이에 관해서는 한마디도 입 밖에 내지 않았다 한다.[148]

베르톨레, 로베스피에르의 협박을 뿌리치다

나폴레옹과 전지의 사건보다 훨씬 전에 유명한 프랑스의 과학자 베르톨레[149]는 로베스피에르(Maximilien Marie Isidore de Robespierre)의 명령에 따르는 것을 거절했다는 이유로 사형에 처해질 처지에 놓였다. 로베스

---

148 패리스, 《험프리 데이비 경의 생애》
149 Claude Louis Berthollet, 1748~1822

피에르는 그때 공화국 프랑스의 독재자로서 생살여탈(生殺與奪, 살리고 죽이고 주고 빼앗는 일)의 권력을 장악하고 있었다.

클로드 루이 베르톨레는 1772년 오를레앙 공[150]의 시의(侍醫)였고 뒤에 가서는 프랑스 정부의 염료공장 지배인이 되었다. 그가 이미 높은 과학적 명예를 얻었을 즈음 프랑스 혁명이 일어났다. 뒤이어 유럽의 강국들은 서로 손을 잡고 프랑스를 공격하기 시작했다. 오스트리아와 프로이센의 군대는 육지에서, 영국함대는 바다에서 프랑스를 봉쇄했다.

얼마 안 가 프랑스는 자기 나라의 자원만으로 자급자족하지 않을 수 없게 되었다. 그때까지 프랑스는 질산칼륨(KNO_3)(화약의 원료), 철, 그 밖에 전쟁에 필요한 다른 많은 것을 수입에 의존해 왔었다. 이런 것들의 공급이 두절됐으므로 프랑스는 적으로부터 어떠한 가혹한 조건에서도 굴복할 수밖에 없을 것이라 생각되었다.

공화국의 지도자들은 과학자들에게 도움을 청했다. 이 청에 호응해 온 사람이 베르톨레로서 많은 실험 끝에 프랑스의 흙으로부터 질산칼륨을 만드는 방법을 발견했다. 그는 강철을 만드는 방법도 발명했다고 한다. 그가 한 일이 얼마나 중요했던가는 다음의 평에서 판단할 수 있을 것이다.

「프랑스가 외국군대로부터 유린당하는 것을 구한 것은 뭐라고 해도 그의 열정적인 활동, 총명, 정직 등이었다」

---

150 Ducd' Orléans, 1747-1793

베르톨레, 의심 가는 브랜디를 단숨에 마시다

잘 알려져 있는 〈공포정치〉의 기간에 공화정부의 지도자들은 없애고 싶은 사람을 사형에 처하기 위한 구실로서 음모가 있는 것처럼 꾸미기로 했다. 공포정치의 절정기에 로베스피에르는 자기의 많은 정치적인 적을 숙청하기 위해 다음과 같은 모략을 꾸몄다. 그는 〈공안위원회〉의 회의에서 많은 병사들을 살해하려는 음모를 발견했다고 통보했다. 그의 말에 의하면 그 음모는 일선으로 출발하려는 병사들과 병원에 입원하고 있는 병사들에게 기운을 차리게 하기 위하여 주고 있는 브랜디에 독을 넣었다는 것이었다.

그는 덧붙여 병원에 있는 병사 중에는 이 브랜디를 마신 다음 중독에 걸린 사람이 있었다고 했다. 공안위원회는 곧 범인으로 지목된 사람들을 체포하라는 명령을 내렸다. 그들은 모두 전부터 로베스피에르가 숙청하려고 벼르고 있던 사람들이었다. 재판에 필요한 증거로서 그 브랜디의 일부는 베르톨레에게 보내 분석하도록 의뢰했다. 그와 동시에 베르톨레는 로베스피에르가 정적을 유죄로 만들기 위해서 자신의 증언을 구하고 있다는 것, 따라서 그의 말을 듣지 않을 때는 반드시 파멸당할 것이라는 사실도 알았다. 그러나 베르톨레는 브랜디의 분석을 마치고 공화국 지도자들에게 그 결과를 간단하고 명료하게 보고했다. 브랜디에는 유독한 것이 전혀 포함되어 있지 않고 다만 브랜디를 묽게 한 것에는 슬레이트(Slate)의 작은 알맹이가 들어 탁하게 되어 있으나 이것을 거르면 제거할 수 있을 것이라고 했다.

이 보고는 공안위원회의 계획을 수포로 돌아가게 했다. 공안위원회는 베르톨레를 호출해서 분석이 부정확했던 것을 인정하게 하고, 보고서를 다시 쓰게 하려 했다.

그러나 그가 자신의 의견을 절대로 고치려 들지 않는 것을 보고 로베스피에르는 소리쳤다. '당신은 그 브랜드가 독이 없다고 어떻게 감히 장담 하는가?' 베르톨레는 곧 그의 눈앞에서 브랜디를 걸러서 한 컵을 쭉 마셨다. '당신은 정말로 용기 있는 사람이다. 그 술을 마실 수 있다니' 라고 공안위원회의 의장이 말했다. '아니요. 내게는 저 보고서에 서명할 때 훨씬 더 용기가 필요했소.'라고 베르톨레는 대답했다. 독재자를 겁내지 않는 이런 행위를 한 그가 목숨을 잃었을 것은 의심할 여지가 없는 일이었다. 그러나 공안위원회도 그의 봉사 없이는 일을 해내지 못했을 것도 확실했다. 왜냐하면 그는 목숨을 잃지 않고 나폴레옹 정권 때까지 건재했기 때문이다.

나폴레옹이 정권을 잡았을 때 그는 베르톨레의 훌륭한 능력을 인정하고 많은 영예를 주었다. 뒤에 그는 귀족이 되어 백작의 칭호를 얻었다.

미래의 에드워드 7세, 녹은 납에 손을 넣다

빅토리아 여왕[151]의 남편[152]은 매우 규율이 엄한 사람이었다. 그의 소년의 교육에 대한 태도는 「절대로 해이하게 만들지 말라」는 말로 요약되었다. 뒤에 에드워드 7세[153]가 된 젊은 황태자[프린스 오브 웨일즈(Prince of Wales)라고 부른다]도 이런 엄한 교육을 받았다.

1859년 10월 황태자가 외국여행에서 돌아오면 옥스퍼드 대학에 입학하게 되어 있었고 만반의 준비가 되어 있었다. 그런데 황태자는 예정보다도 빠르게 10월 아닌 7월에 영국으로 돌아왔다. 옥스퍼드로 가기에는 석달이나 남은 셈이었다. 그러나 그는 이 짧은 기간도 휴가를 받지 못했다.

아버지는 그를 에든버러(Edinburgh) 대학에 보내서 공부에 유익한 시간을 보내도록 하였다. 그에게 적합한 과정이 세밀히 계획되었다. 거기에는 리옹 플레이페어[154] 박사의 화학 강의도 포함되어 있었다. 이 강의에는 실험과 여러 산업시설의 견학과 같은 실제적인 경험도 짜여 있었다.

어느 날 황태자가 스코틀랜드의 귀족, 평민의 자제들과 함께 벤치에 앉아서 강의를 듣고 있을 때였다. 플레이페어 박사는 다음 문제를 설명하

---

151 Queen Victoria, 1819-1901, 재위 1837-1901
152 영국에서는 여왕의 남편을 프린스 콘소트(Prince Consort)라고 부름
153 Edward Ⅶ, 1841-1910, 재위 1901-1910
154 Lyon Playfair, 1818-1898

려고 했다. 알제리(Algerie)의 마술사들은 어째서 뜨거운 철을 몸에 대도 화상을 입지 않을까? 만일 높은 온도로 가열된 금속이면 이것이 가능하다고 말했다. 마침 옆에 있는 큰 냄비에는 납이 가열되고 있었다. 이 납은 백열상태로 녹아 있었으며 그 온도가 섭씨 1,500~1,700℃나 되었다.

교수는 갑자기 황태자 쪽을 보며 말했다.

'자, 만일 황태자께서 과학을 믿는다면 오른손을 냄비 속에 넣어 끓는 납을 한 움큼 뜨고 그것을 옆에 있는 찬물 속에 넣으십시오.' '선생님, 정말입니까?'라고 황태자는 반문했다. '네, 정말입니다.' 교수는 말했다. '선생님께서 그렇게 말씀하시면 하겠습니다.' 황태자는 말을 마치고 손을 암모니아로 깨끗이 씻어서 손에 묻어 있을지도 모르는 그리스나 기름기를 없앴다. 그다음 황태자는 끓는 납 속에 손을 넣어 조금 떠냈는데 이때 손은 조금도 화상을 입지 않았다.

이 사건은 무엇보다도 황태자가 언제나 순순히 명령에 따라 행하는 사람이었음을 말해 준다. 그것은 어느 정도까지는 그에 대한 엄격한 교육이 성공한 것을 증명하는 것이고, 또 황태자의 큰 용기를 보여 주는 것이기도 하다. 아무리 플레이페어와 같이 유명한 과학자의 명령이라 해도 황태자가 한 것과 같은 행동을 할 용감한 사람은 거의 없을 것이다.

이 사건은 기름기가 없는 완전히 깨끗한 손은 끓는 납 속에 넣어도 화상을 입지 않는다는 과학적 사실을 극적인 형태로 보여준 것이다. 그 까닭은 피부에 있는 수분이 납과 피부 사이에서 일종의 쿠션의 역할을 해서 묻지 않게 만들기 때문이다. 납은 작은 방울로 되어 손에서 튕겨져 나간

다. 이것은 마치 수은 속에 손을 넣으면 작은 수은의 방울들이 손에서 튕겨 나가는 것과 같다.

이 이야기를 끝내면서 여러분 중에서 누군가가 이 실험을 해보려고 생각할지도 모르기 때문에 경고를 해둘 필요가 있다. 경험이 없는 사람이면 녹아서 뜨거워진 납 속에 손을 넣기 전에 손을 어떻게 씻을지 알지 못할 것이고, 잘못하면 크게 화상을 입게 된다. 전문가의 감독 없이는 이 실험을 결코 해서는 안 된다는 것을 거듭 강조해 둔다.

21. 고대로부터 내려온 두 수학문제

제논의 역리(逆理) — 아킬레스와 거북이의 경주

예수가 태어나기 500년 전 제논[155]이라는 이탈리아 사람이 고국을 떠나 그리스로 가서 어떤 현인 즉 철학자 밑에서 공부를 했다.

제논은 꽤 기지가 풍부한 사람이라 만년에 당시의 수학자들에게 4개의 어려운 문제를 내어 괴롭혀 주었다.[156] 그 하나는 경주에 관한 것이었다.

두 주자 중에서 걸음이 느린 쪽이 가령 조금이라도 먼저 출발했다고 하면 빠른 편은 결코 느린 편을 따라가지 못한다는 것은 어떤 까닭일까?

느린 편이 있었던 곳까지 빠른 편이 도달했을 때는 느린 편은 이미 떠나서 앞으로 갔을 것이므로 느린 편은 언제나 앞서 있어야 할 것이다.

이 문제는 아킬레스(Achilles)와 거북이의 상상적인 경주로 알기 쉽게 바뀌었다. 그리스 신화에서 아킬레스는 가장 걸음이 빠른 사람이라고 한

---

155 Zenon, B.C. 495~430

156 아리스토텔레스, 《물리학》; Aristotle, *Physics*

다(전설에 의하면 그는 여섯 살 때 벌써 달리는 수사슴을 따라갈 수 있었다 한다). 거북이는 말할 것 없이 모든 동물 중에서 제일 걸음이 느린 것의 하나이다.

이렇게 해서 1000년이나 계속되는 문제가 제기되었다. 가령 아킬레스가 거북이의 10배 빠르게 달린다고 가정하고 거북이의 1,000m 뒤에서 출발했다고 하자. 그는 언제 거북이를 따라잡을 수 있을 것인가?

그 논의는 이런 것이다. 아킬레스가 1,000m 달릴 동안 거북이는 100m 갈 것이다. 아킬레스가 1,000m 달려서 거북이가 출발한 지점에 도달했을 때는 거북이는 물론 그 100m 앞에 가 있을 것이다. 아킬레스가 그 100m 달릴 때는 거북이도 이미 10m 가니까 10m 앞서 있을 것이다. 아킬레스가 그 10m 달렸을 때는 거북이는 또 1m 기어서 아직도 1m 앞서 있을 것이다. 아킬레스가 그 1m 달렸을 때 거북이는 그 1/10m 앞에, 또 아킬레스가 그 1/10m 달렸을 때 거북이가 1/100m 앞에 있을 것이다. 이렇게 끝없이 계속된다.

'이 논의에서 어디에 잘못이 있는가?'라고 제논은 물었다.

수학적으로는 확실히 아킬레스와 거북이는 계속해서 가까워질 뿐, 결코 따라잡지는 못하는 것같이 보인다. 계산을 해보면 어느 때는 그가 거북이로부터 1m 이내에 있을 것이고 나중에는 그 1/100m만큼의 거리로 좁힐 수 있을 것이다. 그 간격은 얼마든지 작아질 것이다. 그러나 가령 1m의 몇만분의 일, 몇억분의 일이라도 늘 거북의 뒤에 있을 것이 틀림없다.

2000년 동안 이 문제에 관해서 많은 논문이 씌어졌으며 그 해결방법이 많이 제안되었다. 이 문제는 다른 목적에는 아무런 쓸모가 없는 것이지만 일상의 문제를 수학의 연습문제로 다룰 때는 언제나 신중한 주의를 하지 않으면 안 된다는 것을 가르쳐주고 있다.

수학자들은 이 경주가 마치 처음에는 1,000m의 경주, 다음에는 100m의 경주, 또 다음은 10m의 경주와 같은 식으로 무수히 작은 경주가 모여서 된 것과 같이 다루었다. 즉, 하나하나의 경주는 1,000m, 100m, 10m, 1m, 0.1m, 0.01m, 0.001m, 0.0001m…… 이런 식으로 계속된다.

이렇게 그 거리는 점점 작아지고 끝에 가서는 무한히 작아짐을 알 수 있을 것이다. 그러므로 수학적으로 이렇게 무한히 작은 수를 다루지 않으면 안 된다.

옛날 이 문제를 설명하려고 하다가 실패한 어느 독일 교수의 예를 본뜬 것은 피하는 편이 현명하겠다. 그 교수는 여왕 앞에서 설명을 해나갔다. 여왕은 곧 그 어려운 설명에 싫증이 나서 자기는 무한소(無限小)에 대해서 알아야 할 것을 다 알고 있노라고 설명을 중지시켰다. 사실 여왕은 긴 세월 동안 신하들과 정치가들 같은 자질구레한 사람들을 상대로 하지 않으면 안 되었기 때문이다.

여기서는 하나만 설명해 두기로 한다. 이 경주가 극히 작은 다수의 거리가 모여서 된 것이 아니고 최후까지 연속되어 있다는 것이다.

수학이나 통계에 관한 문제를 다룰 때는 상식에서 도움을 받는 것이 좋을 때가 종종 있다. 우리는 평소 체험에서도 빠른 쪽 주자가 곧 느린 쪽을 따라가서는 결국 앞서게 된다는 것을 알고 있다.

정육면체의 배적문제

기하학이 최초로 이용된 곳은 이집트 즉, 나일강에 접하는 땅이었다는 것은 일반에게 알려져 있다. 이 강은 번번이 강둑을 넘어 범람해서 상류 지역에서 운반되어 온 진흙이 삼각주 가까운 들에 퇴적되었다.

강이 범람해서 진흙이 쌓이면 그때까지 있었던 경계표지가 없어졌다. 따라서 강이 범람할 때마다 이집트 사람은 물이 빠진 뒤 밭의 경계선을 다시 긋지 않으면 안 되었다. 이 때문에 이집트 사람은 일찍부터 직선으로 둘러싸인 밭을 어떻게 측량하고 그 넓이를 어떻게 계산하는가를 배웠다.

시대가 지남에 따라 철학자들은 직선이나 그것으로 둘러싸인 도형, 또 곡선이나 원 같은 것에 대단한 흥미를 갖게 되었다.

이런 문제 중에서 자와 컴퍼스만을 써서는 풀지 못하는 것이 있었다. 그 하나가 주어진 정육면체 부피의 정확히 2배가 되는 부피를 구하는 문제였다. 이것을 수학자들은 배적문제(倍積問題)라고 한다.

이 문제의 기원에 대해서는 여러 가지 전설이 있다. 그 하나에 의하면 전설의 크레테(Krete)의 미노스(Minos) 왕에게는 그라우코스(Grauchos)라는 어린 아들이 있었다. 어떤 전설에서는 그라우코스가 마루에서 놀고 있을 때라 하고, 다른 전설에는 쥐를 쫓고 있을 때라고 하는데, 어쨌든 그는 꿀을 담은 독 안에 빠져 질식해서 죽었다. 왕은 점쟁이를 불러 '그 아이를 살려내라, 그렇지 못하면 너도 아이의 시체와 함께 생매장해 버리겠다'라고 명령을 내렸다. 점쟁이는 아이를 살릴 수 없어 같이 묻혔다.

그러나 그는 무덤 속에서 아이를 소생시킬 수 있었다. 그 아이는 다만 기절해 있었을 뿐이었다. 그 뒤 점쟁이는 아이를 부왕에게 바쳤다.

미노스가 이 사건을 계기로 해서 자기 자신의 죽음을 생각하게 되었는지 어떤지는 말하고 있지 않다.

그러나 전하는 바에 의하면 아이가 죽음에서 〈소생〉하고 나서 그는 곧 자신의 무덤을 세울 것을 명했다. 그는 무덤을 입방체의 모양으로 하라고 했다. 무덤이 다 되자 검사를 한 왕은 건축가에게 이렇게 작은 무덤은 왕후에게 맞지 않는다고 매우 불만을 표시했다. 그리고 왕은 건축가에게 무덤의 크기를 2배로 다시 만들 것을 명했다.

그러나 정육면체의 한 변의 길이를 2배로 하면 무덤의 부피는 먼저 것의 8배로 되어, 왕이 명한 〈2배의 크기〉로는 되지 않는다. 그래서 건축가들은 당시의 현인들에게 먼저 정육면체 부피의 2배가 되는 부피를 갖는 정육면체를 설계하려면 어떻게 해야 되는가를 상의했다. 현인들도 만족스러운 해답을 낼 수 없었다. 그 후 이 문제를 자와 컴퍼스만 써서 해결하려고 시도한 수학자는 모두 실패하고 말았다.

전염병과 아폴로의 신탁

다른 전설에 의하면 정육면체의 배적문제는 고대 그리스의 델피(Delphi) 마을에서 시작되었다. 델피에 있는 신전은 아폴로(Apollo) 신을 위한 것이었다.

사람들은 그들의 많은 신이 위대한 힘을 가지고 있으며, 이 세상에서 일어나는 모든 일들은 각각의 신이 있어 그것을 지배하고 있다고 믿었다. 가령 그들의 신 아폴로는 전염병을 보내서 사람을 벌하는 힘을 갖고 있다고 생각했다. 또 만일 아폴로가 원한다면 인간으로부터 질병을 쫓을 수도 있다고 믿었다.

어느 때 전염병이 발생해서 사람들은 아폴로 신이 인간에 대해서 노했고 그 벌로 전염병을 퍼뜨렸다고 생각했다. 그들은 지도자를 아폴로의 신전에 보내서 전염병으로부터 구해 줄 것을 탄원하기로 했다.

각각의 신은 서로 다른 신전에 모셔져 있었으며 중이나 여승이 그 시중을 들면서 인간을 대신하여 신에게 고하고 또 그의 계시를 인간에게 전했다. 왜냐하면 신은 매우 고귀한 존재이므로 보통사람은 감히 신과 대화를 나눌 수 없다고 생각했기 때문이다. 중의 입을 통해서 인간에게 전해지는 신의 말을 〈신탁(神託)〉이라 했다.

전설에 의하면 그리스 지도자들은 델피의 아폴로 신전으로 갔다. 여기에는 신성한 여승이 있었는데 지도자들은 그녀에게 부탁해서 신에게 전염병을 없애달라고 탄원을 했다. 여승이 빌었더니 아폴로 신은 〈신탁으로〉 인간에게 다음과 같이 고했다.

만일 인간이 현재의 제단 크기의 2배가 되는 것을 만들면 전염병을 다른 곳으로 가져갈 것이다.

당시의 제단은 정육면체의 모양을 하고 있었는데 그것의 정확히 2배 크기의 정육면체를 만드는 방법은 아무도 몰랐다. 그들은 다급해서 당시 그리스에서 가장 현명하다는 플라톤[157]에게 상의했다. 어느 전설에 의하면 플라톤은 다음과 같이 가르쳐 주었다고 한다.

아폴로 신은 그대들에게 기하학에 있어 최고의 재능을 필요로 하는 문제를 시험하려는 것이 아니다. 또한 현재 제단의 2배나 되는 새로운 제단을 만들어 주기를 바란 것도 아니다. 신탁으로 말한 것은 인간에게 지금까지보다 더욱 많이 기하학을 연구해 주기를 바란다는 것뿐이다.

---

157 Platon, B.C. 427-347

22. 국회의원은 수학자가 아니었다

글래드스톤의 선거법 개정안

물론 높으신 국회의원에게 수학 시험을 치르게 하는 일은 없다. 그러나 어느 때 영국하원에서 산술문제가 나온 적이 있었는데 극소수의 의원들만이 그것을 풀었다고 한다.

1866년 3월 장상(藏相, 재무장관) 글래드스톤[158]은 선거법 개정안을 제안했다. 이 개정안은 지금에는 온건한 것으로 생각되지만 당시에는 의회에 심각한 위기를 몰고왔다. 개정안이란 「몇십만이나 되는 시골뜨기」에게도 선거권을 주는 것(의회용어로 말하면 참정권의 확대)을 꾀한 것이었다.

재정안이 하원을 통과할 때 논의가 집중됐던 문제의 하나는 선거권을 「부끄럽지 않을 정도로 교육」을 받은 사람, 말하자면 간단한 받아쓰기 시험에 합격될 수 있는 사람에게만 주어야 하지 않겠는가 하는 점이었다. 글래드스톤은 이에 반대했다. 그는 자기가 어떤 시험에도 반대하는 이유의 하나는

---

158 William Ewart Gladstone, 1809-1898

노동생활은 학교교육에서 얻은 성과를 오래도록 유지하기에는 적합하지 않으므로 실제로는 자격을 잃었는데도 참정권을 유지하게 될는지도 모르기 때문이다. 라고 말했다.[159]

글래드스톤은 계속해서 이렇게 말했다.

현재 우리의 선거제도에는 어떤 시험도 포함되지 않고 있다. 우리의 제도가 기능을 발휘하기 위해서 시험이 필요하다고는 아무도 생각하지 않는다. 많은 계급의 선거인에게 적용해도 직업이 다른 사람들 사이에 차별을 일으키지 않을 간단한 시험이 고안될 수 있다면 그런 시험을 받아들이는 것이 현명할지는 모르겠다. 그런 종류의 시험에 가장 가깝다고 생각되는 것은 선거인으로 하여금 자신의 이름을 서명하게 하는 것이다.

이에 대한 반론과 다른 제안을 물리치고 나서 그는 계속해서 말한다.

받아쓰기란 어떤 것인가? 그것은 대단히 어려운 시련이며 노동일이 아니라 서기를 지망하는 많은 젊은이라도 틀리는 수가 있을 정도의 일이다. 그런데 하원은 받아쓰기를 선거권을 얻는 조건으로 하라는 것인가?

---

159 1886년에는 대다수의 성인들은 거의 아무런 교육도 받지 못했으며, 그들의 대부분은 읽기나 쓰기를 하지 못했다는 것을 알아주기 바란다.

논쟁은 더욱 계속되었다.

빼기나 곱하기는 제쳐두고 나는 노동자 계급에서 몇 사람이나 돈의 나눗셈 시험에 합격할 것인가. 또 하원의원 중에서도 몇 명이나 이런 시험에 합격될 것인지 알고 싶다. 가령 여기서 1,330파운드 17실링 6펜스의 돈이 있다고 가정하고 이것을 2파운드 13실링 8펜스로 나누라고 의원들에게 요구하면 과연 몇 사람이 할 수 있을까?

헌트(Hunt) 의원은 "658(이것은 하원의원의 수였다)"이라고 답했다. 재무장관은 "이 하원에서 그것을 할 수 있는 사람은 3, 4명에 그치지는 않을 것이다. 그러나 내가 거침없이 말할 수 있는 것은 30~40명은 안 되리라는 것이다. 더욱 나는 그런 계산이 무슨 필요가 있는지 묻고 싶다. 그런 계산쯤 못하더라도 훌륭한 하원의원으로 있을 수 있다."
몬태규(Montagu) 경은 "여보시오. 2파운드 13실링 8펜스로는 나눌 수 없소(웃음소리)"라고 말했다.

재무장관은 "하나의 실례가 천 개의 의논보다 낫다. 경은 하원에서도 가장 전도유망한 재정 전문가 중 한 사람이다. 따라서 우리에게 이 돈의 나눗셈이 성립될 수 없는 것이라는 점을 확실히 말해 주었다."

뒤에 몬태규 경은 의사록에 자기의 발언의 뜻을 다음과 같이 추가해서 보충하였다.

재무장관이 시사한 나눗셈에 대해서 말하면 금액을 분할하는 것은 가능하지만 금액을 금액으로 나눌 수는 없다. 어떻게 해서 금액을 2파운드 13실링 8펜스로 나눌 수 있을 것인가?

이 문제는 '1파운드에는 2실링이 얼마 있는가?'라는 모양으로 낼 수는 있을 것이다. 그러나 이것은 금액으로 나누는 것은 아니다. 20을 2로 나누는 것뿐이다. 그는 '1파운드 안에 6실링 8펜스가 얼마 있는가?'라는 식으로 문제를 내면 좋았을지 모른다. 그러나 이것은 240을 80으로 나누는 것에 불과한 것이다.

로버트 몬태규에 의하면 금액을 금액으로 나눌 수는 없고, 단지 수로 나눌 수 있을 뿐이었다.

원적문제

앞 장에서 고대 그리스 사람들을 곤란하게 만든 문제 두 가지를 소개했으나 그 밖에도 또 하나 있다. 그것은 원을 정사각형으로 고치는 문제[160]이다.

---

160 수학자들은 원적문제(圓積問題)라 한다.

달리 말하면 주어진 원과 똑같은 면적을 갖는 정사각형을 그리라는 문제였다. 이것을 풀기 위해서 고대 그리스 사람들이 여러 가지로 머리를 짜냈고 또 근대 사람들도 많은 노력을 기울였다. 그러나 자와 컴퍼스만 사용하는 한에 있어서는 누구 하나도 성공하지 못했다.

또 자와 컴퍼스만 쓴다는 조건에서는 어떤 원의 둘레와 같은 길이를 갖는 선분을 그리는데도 누구 하나 성공하지 못했다. 지금은 수학자들이 원둘레의 길이를 '$2\pi r$'이라는 기호로 나타낸다. 이때 'r'는 원의 반지름, 'π'는 모든 원에 공통된 어떤 수를 나타내고 보통 그 값을 '3.14'로 한다.

그러나 π의 정확한 값은 결코 발견되지 않았다. 어느 수학자는 그 값을 소수점 이하 30째 자리까지 계산하고 그의 공적을 나타내기 위하여 소수점 아래 30자리까지의 π의 값을 묘석에 새겼다. 다른 수학자들도 같은 계산을 했고, 그 결과 지금은 π의 값이 소수점 이하 700자리까지 알려져 있다.

그러나 소수점 이하 2,000자리에 걸친 숫자를 알았다 해도 그것은 π에 관한 한 정확한 값이 아니다. π의 정확한 값은 알아낼 수 없는 것이다.

후보자 콜번, 장난으로 득을 보다

다음에 원적문제에 관한 재미있는 이야기를 소개하겠다. 이것은 옛날부터 수학교육에 뛰어났던 케임브리지 대학에서 일어난 일이다. 수학자들은 자기들만이 통하는 용어를 가지고 있는데 원을 정사각형으로 고치는 것을 〈원의 구적(求積)〉이라고 말한다.

이 이야기에는 또 하나의 수학문제가 등장한다. 대부분의 독자들은 접시에 담은 물 표면에 둥글고 빛나는 선이 그어져 있는 것을 볼 수 있을 것이다. 이것은 접시의 둥근 안쪽에서 빛이 반사해서 생긴 것으로 〈초선(焦線)〉이라고 한다. 이 초선을 수학적으로 연구하는 것은 대단히 어려운 문제이다.

이야기는 다음과 같이 전개된다. 헨리 콜번(Henry Colburn)은 케임브리지의 트리니티 대학(Trinity College)을 졸업한 다음 국회의원이 되었고 1826년에는 장상으로 임명되었다. 5년 후 그는 케임브리지 대학에서 선출되는 의원후보로 입후보했다. 당시 케임브리지는 하원에 두 사람의 의원을 보내고 있었다. 수년 전 콜번은 장상의 자격으로, 천문학회에서 보낸 대표들에게 정부는 '이 나라의 과학 같은 것에는 조금도 개의치 않는다'고 해서 일부 수학자들을 격분하게 한 일이 있었다.

선거는 1831년 5월에 있었고 두 명의 휘그(Whig) 당원, 팰머스톤 경[161]과 캐번디시(Cavendish)에 대항해서, 두 명의 토리(Tory) 당원, 헨리 콜번과 W. J. 빌이 입후보했다. 사람들은 크게 흥분했다. 그때에도 선거는 사람의 마음을 크게 흥분시키는 사건이었다.

5월 초 어느 날 밤늦게 한 대의 마차가 급히 《모닝포스트(The Morning

---

161 Henry John Temple Palmerstone, 1784-1865

Post》[162]의 사무실에 닿았다. 한 남자가 마차에서 내려서 콜번의 위원회에서 왔다고 하며 한 장의 광고를 주었다. 동시에 그는 내일 아침《모닝 포스트》50부를 여분으로 콜번 위원회에 배달하도록 부탁했다.

다음 날 5월 4일 조간《모닝 포스트》에는 다음과 같은 기사가 실렸다.

대중과는 관계없는 사정에 의한 것이기는 하지만 우리는 콜번이 대학의 영예로운 후보자가 되는 것을 사퇴한 것으로 안다. 그의 과학적 업적이 대수롭지 않은 것은 아니다. 그는《철학적 회보》에 실린 원호(圓弧)의 구적에 관한 에세이와 달의 초선(항해 천문학에서 매우 쓸모가 많을 것으로 생각되는 문제)의 방정식을 연구한 사람으로 유명하다.

이것을 잘 읽으면 「과학적 업적에 대해서 대학으로부터의 상을 받는 것을 사퇴한다」라는 뜻인데, 물론 「대학에서 나서는 의원의 입후보를 사퇴한다」라는 뜻으로 간주되는 것을 노리고 있다. 이 기사가 나온 탓으로 대학의 수학 교수들(적어도 휘그당을 지지하는 사람들)은 선거결과에 대해 낙관하게 되었는데 실제로 콜번의 선거에 나쁜 영향을 주지는 않았다. 그는 보기 좋게 당선됐던 것이다. 그러나 이 광고는 대학인들을 속여먹인 갖가지 거짓 이야기의 역사 중에서도 걸작으로 되었다.

그것은 확실히 걸작이었다. 왜냐하면 거기에는 참말로 받아들여져도

---

162 토리당에 편을 드는 일간 신문

할 수 없는 것이 많이 있었기 때문이었다. 가령 누구라도 원의 구적문제를 풀었다고 하면 대학에서 최고의 상이 주어졌을 것이라는 점은 의심할 여지가 없기 때문이다. 또 왕립학회가 간행하는 기관지인 《철학적 회보》는 수학이나 과학에서 가장 가치 있는 〈에세이〉밖에는 실리지 않았다.

이 광고는 너무나도 교묘하게 쓰여 있었기 때문에 《모닝 포스트》의 편집장이 마감 1분 전에 받은 이 메모를 급하게 읽어서 〈원호의 구적〉이란 말에 의문을 일으키지 않은 것도 무리는 아니었다. 왜냐하면 이런 말은 별로 쓰이지 않는 것이고 만일 가짜로 쓴 이 글의 필자가 관례대로 〈원의 구적〉이란 말로 썼다면 편집인은 곧 이것이 엉터리임을 간파했을 것이 틀림없기 때문이다. 〈달의 초선〉이란 말도 잘 골라서 쓴 것이다. 왜냐하면 영어에는 〈달의(lunar)〉란 말은 〈미치광이〉란 의미도 있기 때문이다. 이 경우는 물론 천체의 달을 가리키고 있어 뛰어난 수학자가 달에 관계가 있는 어떤 것을 연구했다는 것은 능히 있을 수 있는 일인 것이다.

그러나 케임브리지의 수학자와 과학자들은 이 〈달의 초선의 방정식〉을 보고 크게 웃었다. 그들은 〈초선〉을 연구하고 있었는데 〈달의 초선〉이란 질산은 $AgNO_3$(작은 흰 막대 모양으로 외과에서 상처를 태우는 데 썼다)의 별명이었기 때문이다.

이 엄청난 장난의 범인으로 생각되는 사람은 유명한 수학교수 찰스 배비지[163]이다. 그는 유명한 저서 《세상의 변천》 속에서 이 장난에 대해 다음

---

163 Charles Babbage, 1792-1871, 전자계산기의 연구에 있어 선구자의 한 사람

과 같이 쓰고 있다.

　나는 어느 무해한 억측을 자아내게 만든 이야기를 회상한다. 그것을 두 당파가 모두 재미있어 했으리라 믿지만, 뒤에 그것은 캐번디시위원회에서 꾸며진 것이라고 들었다.

　그가 이야기의 전말을 소상히 설명하고 있으므로 케임브리지의 어떤 수학자는 이렇게 쓰고 있다.

　나는 마차나 여분으로 보낸 신문의 부수까지도 다 알고 있는 그 사람(이런 사람은 달리 한 사람도 없다)이야말로 다른 많은 것을 알고 있을 것임에 틀림이 없다고 생각한다.

　그 뜻은 물론 배비지야말로 그런 장난의 범인이라고 생각된다는 것이다. 콜번은 앞에서 말한 것처럼 선거에서 당선되고 그 뒤 죽을 때까지 의회에서 케임브리지 대학을 대표했다. 1830년대에 있어서는 의회의 선거는 누구에게도 소위 〈자유경쟁〉이었고 무엇을 했어도 거의 상관없었다. 지금 같으면 이렇게 사람을 놀리는 장난을 하면 그 사람은 매우 무거운 벌을 받았을 것이다.

　이 에피소드에는 재미있는 뒷얘기가 있다. 이런 일이 있은 지 4년 뒤 콜번의 아들이 〈세컨드 랭글러(Second Wrangler)〉(두 번째의 토의자라는 뜻)

의 칭호를 받은 것이다. 이것은 케임브리지의 수학 트라이포스(Tripos, 우등시험)에 합격한 재학생 중에서 성적이 2등인 사람에게 주어지는 칭호이다. 또 트라이포스는 이 대학에서 학사학위를 따기 위한 최종 시험이다.

23. 교훈─과학자여 조심하라

찰스 2세, 과학자를 우롱하다

영국 왕 찰스 2세는 당시 과학에 관해서 각별한 흥미를 갖고, 특히 항해에 관련된 실험을 즐겼다. 그는 항해에 대해 매우 정확한 지식을 갖고 있어서 어떤 종류의 나무가 물에 가라앉지 않고 가장 잘 뜨는가, 또 물을 헤치고 나가는 데는 어떤 모양이 제일 적당한지 등을 규명하기 위하여 비상한 주의를 기울였다고 한다. 국왕이 이렇게 뜨는 물체에 관해 흥미를 가졌다는 점에 다음 이야기의 골자가 있다.

어느 날 왕립학회 회원들이 모임을 가졌을 때 찰스 2세는 문제를 하나 냈다. '만일 처음에 물을 담은 대야의 무게를 재고, 다음 그 안에 산 물고기를 넣고 다시 무게를 재도 무게는 전과 같다. 그러나 물을 넣은 대야에 죽은 물고기를 넣고 무게를 재면 무게는 죽은 물고기의 무게만큼 커진다. 그 까닭은 무엇인가?'라고 왕이 물었다.[164]

왕립학회 회원의 대부분은 아르키메데스가 왕관의 진위를 확인한 이야기(1장 참조)를 알고 있었고, 또 물에 가라앉은 고체 물체는 공기 중에 있

---

164 해밀튼,《형이상학 강의》; W. Hamilton, *Lectures on Metaphysics*

찰스 2세, 과학자들을 우롱하다

을 때보다 무게가 가볍게 된다는 것도 알고 있었다. 그러나 왕의 질문에
는 누구 하나 즉시 대답하지 못했다. 왕이 문제를 낸 것이므로 대답하지
않으면 안 됐다. 만일 대답하지 못하면 그것은 왕립학회의 위신에 관계되
는 일이었다.

아르키메데스의 저서와 다른 과학자들의 저서가 조사되었고 긴 토
론이 계속되었다. 이 전대미문(前代未聞)의 문제를 설명하기 위하여 많은
〈박학(博學)한〉 이유가 제출되었지만 그중 납득이 갈 만한 것은 하나도 없
었다.

상당한 시간을 들여서 이 문제를 논의한 다음 회원 가운데 한 사람이
초등학교에서 배운 좋은 규칙을 생각해 냈다. 그것은 「어떤 일이 왜 일어
나는가를 토론하기에 앞서 우선 그것이 참으로 일어나는가를 확인하라」
는 것이었다. 그는 대담하게 정말로 그런 차이가 있나 없는지부터 확인할 필요가 있다는 것을 시사했다.

그 대담한 제의는 그 자리에 모인 과학자나 신하들에게 받아들여지지 않았다. 그들에게는 왕의 말을 의심한다는 것은 생각조차 끔찍한 일이었기 때문이다.

왕이 틀린 말을 할 리가 없는 것이 아닌가! 어떤 회원은 왕의 말에 의심을 품는다는 자체가 벌써 반역적인 행위인데 왕이 틀린 것을 주장했다고 공언하는 것은 너무나 무서운 일이라고 주장했다. 다른 사람들도 왕의 말은 완전히 옳으며 그것은 옛날부터 잘 알고 있던 사실이다(산 물고기를 물에 넣으면 무게가 늘지 않지만 죽은 물고기를 넣으면 무게가 느는 것은 사실)라고 장담했다.

아무런 결실도 없는 논의로 장시간을 소비했다. 그 뒤 앞에서 말했던 회원이 또 한 번 정말 어떤 일이 일어나는지 우리들 눈으로 확인해 보자고 제안했다. 마침내 사람들은 그의 제안을 받아들여 물이 든 대야를 가져오게 했다. 먼저 그 무게를 쟀다. 다음 산 물고기를 넣고 모두들 숨을 죽이고 보고 있는 가운데 무게를 쟀다. 이 무게는 대야와 물만의 무게보다 컸다. 다음에는 산 물고기를 물 밖으로 꺼내서 죽게 한 다음 다시 대야에 넣고 무게를 쟀다. 산 물고기를 넣었을 때의 무게와 똑같았다. 이렇게 해서 그들은 찰스 왕이 장난을 한 것을 처음으로 알았다.

왕립학회, 조롱당하다

이 이야기는 재미있을 뿐 아니라 사람들이 기억해도 좋을만한 교훈을 가지고 있다. 그러나 그것은 아마 지어낸 이야기일 것이다. 이 사건의 기술은 믿을만한 왕립학회의 역사 어디에서도 찾아볼 수 없다.

왕의 이런 농담이 사실이었다면 틀림없이 역사에 적혀 있을 것이다. 한편 왕립학회가 한때 모멸의 대상이 되었던 일, 특히 회원이 되려다 거절당한 사람으로부터 심한 공격을 받은 사실을 역사는 기록하고 있다. 그 사나이는 보복으로 왕립학회에 대해서 갖가지 우스꽝스러운 이야기를 지어냈으나 진실은 하나도 없었다. 그중에서 매우 재미있는 이야기의 하나는 〈타르(Tar)〉를 「혈액을 질서 있는 상태로 유지시키는 약」으로 추천하기 위해서 쓰인 당시의 신간본을 근거로 하고 있다.

왕립학회의 어느 화합에서 학회는 포츠머드(Portsmouth)에서 보내온 한 통의 서신을 받았다. 거기에는 수부(水夫)가 마스트 꼭대기에서 떨어져 발을 삐었는데 붕대를 하고 「타르를 충분히 썼다.」 그 덕택으로 3일 만에 전과 같이 걸을 수가 있었다고 쓰여 있었다.

그 이야기에 의하면 회원들이 서신을 둘러싸고 장시간에 걸쳐 열심히 의논하고 있을 때 방문이 열리더니 또 다른 편지가 날아 들어왔다. 거기에는 전번에 쓸 것을 잊었던 일인데 수부의 발은 나무발(義足)이었다고 쓰여 있었다고 한다.

찰스의 죽은 물고기의 이야기와 엇비슷한 것으로 혹시 같은 사람이 창작한 것인지도 모른다. 그러나 물고기의 이야기는 다른 모양으로 시작되었을 가능성도 있다. 흔히 있는 일이지만 매우 비슷한 이야기가 이전에도 있었다. 1660년 프랑스의 루이 13세[165]가 신하들을 보면서 물이 가득한 어항에 산 물고기를 넣으면 물이 얼마쯤 넘쳐흐르지만 죽은 물고기를 넣으면 조금도 넘치지 않는다. 이것은 어째서인지 생각해 보라고 했다 한다. 신하들은 머리를 짜내서 생각했지만 그 이유를 알 수 없었다. 할 수 없이 그들은 정원사를 불러 어항과 고기를 가져오게 하고 물을 채운 어항에 산 물고기를 넣었다. 물이 약간 흘러넘쳤다. 다음에 정원사는 물고기를 꺼내 죽인 다음 다시 넣었다. 이때도 역시 물이 흘러넘치는 것을 볼 수 있었다.

찰스 2세에 관해서는 다른 이야기가 있다. 그것은 과학자들이 토론에 지쳐 있을 때, 그중 한 사람이 대담하게도 왕의 말은 틀렸으며 토론할 여지가 없다고 했다 한다. 그랬더니 왕은 대단히 기분이 좋아서 다음과 같이 말했다. '오드 피시(Odd Fish), 네가 맞았다.' 〈오드 피시〉는 문자 그대로 〈기묘한 물고기〉 이외에 〈귀여운 녀석〉이라는 뜻이 있다.[166]

165 Louis XIII, 1601-1643, 재위 1610-1643
166 도로시 스팀슨, 《과학자와 아마추어》; Dorothy Stimson, *Scientists and Amateurs*

역자 후기

　정부는 중화학공업 정책을 추진할 것을 선언하였다. 천연자원이 부족한 우리의 여건을 가지고 앞으로 치열한 선진국과의 경쟁에서 고지를 확보하여 승리를 거두기 위해서는 과학기술 분야의 우수한 인력을 개발하지 않으면 안 된다. 급진적으로 발전하고 있는 과학기술 부문에서 일할 우리의 우수한 인력의 개발은 긴급하고도 중요한 국가적 과제라 할 수 있다.

　〈전 국민의 과학화〉 운동은, 내 생각으로는 과학적으로 사고하고 행동하게 이끄는 운동이다. 이 〈과학화운동〉을 통해서 전 국민이 과학을 알고 자기의 소질과 적성에 따라 많은 젊은이가 과학기술 분야로 진출하게 되면 그만큼 우리의 저변인력은 확대될 것이며, 과학수재〔인간자원의 입장에서 보옥(寶玉)에 상당〕가 그 속에서 배출될 것이 기대된다.

　그들의 천부적인 두뇌와 노력으로 우리도 앞으로 세계를 앞지를 과학기술을 개척할 수 있게 될 것이다.

　그러면 〈과학화운동〉은 어떻게 전개해야 하는가?

　학교교육을 통해서는 모든 학생들이 과학을 효과적으로 학습하도록 이끌어야 하고 사회교육을 통해서는 모든 연령, 계층의 대중을 상대로 과학을 계몽하고 보급시켜야 한다. 이것을 성공적으로 추진하기 위해서는 학생이나 일반 대중이 과학기술에 흥미를 느껴 학습의 동기유발이 잘 되어야 하고 또 스스로 학습하는 방법이나 필요한 자료가 선행조건이라고 할 수 있다. 언제, 어디서나 쉽게 입수할 수 있는 과학 서적은 〈과학화운동〉에서 필수적인 것이다.

그런데 우리나라에는 교과서 이외에는 이렇다 할 과학기술에 관한 읽을거리가 없다. 이런 실정에서 어떻게 과학기술에 흥미를 느껴 그들의 소질이나 적성을 발견하게 학습을 이끌 수 있겠는가?

다행히 전파과학사에서는 『현대과학신서』를 기획, 발간하고 있다. 일련의 값싼 포켓북을 많이 발행하여 전국적으로 퍼뜨림으로써 누구나 쉽게 사 볼 수 있게 한다는 의도이다. 〈전 국민의 과학화〉를 위해서 시기에 적절한 가상한 기획이라 생각하고 나도 이 시리즈의 번역에 직접 참여하기로 한 것이다.

이 책은 많이 이야기되어 오던 과학사(科學史)에 관한 내용을 담은 매우 평범한 읽을거리이다. 그러나 아무 부담 없이 읽을 수 있는 이 책이 많은 학생이나 대중에 의해 읽혀져서 과학자들의 업적을 이해하게 되고 과학을 하는 데 흥미와 즐거움을 느껴서 과학학습에 동기유발이 되고 과학기술계로 나갈 계기가 되면 소임을 다한 것이라 생각한다.

이 책이 발간되기까지 손영수 사장님과 각별한 지기이며 저명한 과학물 집필자인 편집국의 이찌바 야스오 선생께 원서, 참고자료 등의 수집에 적극 협조해 주신 데 대하여 깊이 감사하며, 그 밖의 여러분의 노고에 대해서 심심한 사의를 표한다.

정연태

도서목록
- 현대과학신서 -

도서목록
- BLUE BACKS -